KB208963

연산을 잡아야 수학이 쉬워진다!

기적의 중학연산

3A

Ⅰ. 제곱근과 실수

Ⅱ. 제곱근을 포함한 식의 계산

Ⅲ. 다항식의 곱셈

Ⅳ. 다항식의 인수분해

3B

Ⅴ. 이차방정식

Ⅵ. 이차함수의 그래프 (1)

Ⅶ. 이차함수의 그래프 (2)

기적의 중학연산 3A

초판 발행 2019년 12월 20일
초판 3쇄 2020년 07월 27일

지은이 기적학습연구소
발행인 이종원
발행처 길벗스쿨
출판사 등록일 2006년 6월 16일
주소 서울시 마포구 월드컵로 10길 56(서교동)
대표 전화 02)332-0931 | **팩스** 02)323-0586
홈페이지 www.gilbutschool.co.kr | **이메일** gilbut@gilbut.co.kr

기획 및 책임 편집 이선정(dinga@gilbut.co.kr)
제작 이준호, 손일순, 이진혁 | **영업마케팅** 안민제, 문세연 | **웹마케팅** 정유리, 권은나
영업관리 김명자, 정경화 | **독자지원** 송혜란, 홍혜진 | **편집진행 및 교정** 이선정, 최은희
표지 디자인 정보라 | **표지 일러스트** 김다예 | **내지 디자인** 정보라
전산편집 보문미디어 | **CTP 출력·인쇄** 교보P&B | **제본** 신정제본

ISBN 979-11-88991-83-9 54410
(길벗 도서번호 10660)
정가 10,000원

머리말

초등학교 땐 수학 좀 한다고 생각했는데, 중학교에 들어오니 갑자기 어렵나요?

숫자도 모자라 알파벳이 나오질 않나, 어려워서 쩔쩔매는 내 모습에 부모님도 당황하시죠.
어쩌다 수학이 어려워졌을까요?

게임을 한다고 생각해 보세요. 매뉴얼을 열심히 읽는다고 해서, 튜토리얼 한 판 한다고 해서 끝판 왕이 될 수 있는 건 아니에요. 다양한 게임의 룰과 변수를 이해하고, 아이템도 활용하고, 여러 번 연습해서 내공을 쌓아야 비로소 만렙이 되는 거죠.
중학교 수학도 똑같아요. 개념을 이해하고, 손에 딱 붙을 때까지 여러 번 연습해야만 어떤 문제든 거뜬히 해결할 수 있어요.

알고 보면 수학이 갑자기 어려워진 게 아니에요. 단지 어렵게 '느낄' 뿐이죠. 꼭 연습해야 할 기본을 건너뛴 채 곧장 문제부터 해결하려 덤벼들면 어렵게 느끼는 게 당연해요.

자, 이제부터 중학교 수학의 1레벨부터 차근차근 기본기를 다져 보세요. 정확하게 개념을 이해한 다음, 충분히 손에 익을 때까지 연습해야겠죠? 지겹고 짜증나는 몇 번의 위기를 잘 넘기고 나면 어느새 최종판에 도착한 자신을 보게 될 거예요.
기본부터 공부하는 것이 당장은 친구들보다 뒤처지는 것 같더라도 걱정하지 마세요. 나중에는 실력이 쑥쑥 늘어서 수학이 쉽고 재미있게 느껴질 테니까요.

2019년 12월

길벗스쿨 기적학습연구소

3단계 다면학습으로 다지는 중학 수학

'소인수분해'의 다면학습 3단계

❶단계 | 직관적 이미지 형성

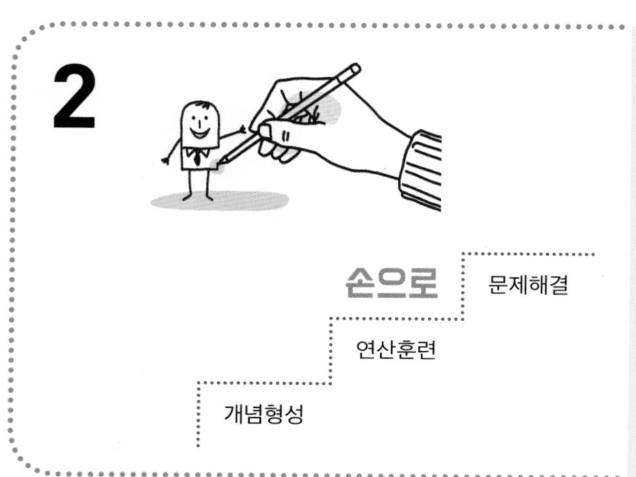

❷단계 | 수학적 개념 확립

소인수분해의 수학적 정의

: 1보다 큰 자연수를 소인수만의 곱으로 나타내는 것

12를 소인수분해하면?

$$12=2\times2\times3=2^2\times3$$

소인수 소인수

❸단계 | 개념의 적용 활용

12에 자연수 a를 곱하여 **어떤 자연수의 제곱**이 되도록 할 때, 가장 작은 자연수 a의 값을 구하시오.

step1 12를 소인수분해한다. → $12=2^2\times3$

step2 소인수 3의 지수가 1이므로 12에 3을 곱하면 $2^2\times3\times3=2^2\times3^2=36$으로 6의 제곱이 된다. 따라서 a=3이다.

눈으로 보고, 손으로 익히고, 머리로 적용하는 3단계 다면학습을 통해 직관적으로 이해한 개념을 수학적 언어로 표현하고 사용하면서 중학교 수학의 기본기를 다질 수 있습니다.

'사랑'이란 단어를 처음 들으면 어떤 사람은 빨간색 하트를, 또 다른 누군가는 어머니를 머릿속에 떠올립니다. '사랑'이란 단어에 개인의 다양한 경험과 사유가 더해지면서 구체적이고 풍부한 개념이 형성되는 것입니다.

그런데 학문적인 용어에 대해서는 직관적인 이미지를 무시하는 경향이 있습니다. 여러분은 '소인수분해'라는 단어를 들으면 어떤 이미지가 떠오르나요? 머릿속이 하얘지고 복잡한 수식만 둥둥 떠다니지 않나요? 바로 떠오르는 이미지가 없다면 아직 소인수분해의 개념이 제대로 형성되지 않은 것입니다. 소인수분해를 '소인수만의 곱으로 나타내는 것'이라는 딱딱한 설명으로만 접하면 수를 분해하는 원리를 이해하기 어렵습니다. 그러나 한글의 자음, 모음과 같이 기존에 알고 있던 지식과 비교하면서 시각적으로 이해하면 수의 구성을 직관적으로 이해할 수 있습니다. 이렇게 이미지화 된 개념을 추상적이고 논리적인 언어적 개념과 연결시키면 입체적인 지식 그물망을 형성할 수 있습니다.

눈으로만 이해한 개념은 아직 완전하지 않습니다. 스스로 소인수분해의 개념을 잘 이해했다고 생각해도 정확한 수학적 정의를 반복하여 적용하고 다루지 않으면 오개념이 형성되기 쉽습니다.

<소인수분해에서 오개념이 불러오는 실수>

$12 = 3\times4$ (×) ← 4는 합성수이다. **$12 = 1\times2^2\times3$ (×) ← 1은 소수도 합성수도 아니다.**

하나의 지식이 뇌에 들어와 정착하기까지는 여러 번 새겨 넣는 고착화 과정을 거쳐야 합니다. 이때 손으로 문제를 반복해서 풀어야 개념이 완성되고, 원리를 쉽게 이해할 수 있습니다. 소인수분해를 가지치기 방법이나 거꾸로 나눗셈 방법으로 여러 번 연습한 후, 자기에게 맞는 편리한 방법을 선택하여 자유자재로 풀 수 있을 때까지 훈련해야 합니다. 문제를 해결할 수 있는 무기를 만들고 다듬는 과정이라고 생각하세요.

개념과 연산을 통해 훈련한 내용만으로 활용 문제를 척척 해결하기는 어렵습니다. 그 내용을 어떻게 문제에 적용해야 할지 직접 결정하고 해결하는 과정이 남아 있기 때문입니다.

제곱인 수를 만드는 문제에서 첫 번째로 수행해야 할 것이 바로 소인수분해입니다. 앞에서 제대로 개념을 형성했다면 문제를 읽으면서 "수를 분해하여 구성 요소부터 파악해야만 제곱인 수를 만들기 위해 모자라거나 넘치는 것을 알 수 있다."라는 사실을 깨달을 수 있습니다.

실제 시험에 출제되는 문제는 이렇게 개념을 활용하여 한 단계를 거쳐야만 비로소 답을 구할 수 있습니다. 제대로 개념이 형성되어 있으면 문제를 접했을 때 어떤 개념이 필요한지 파악하여 적재적소에 적용하면서 해결할 수 있습니다. 따라서 다양한 유형의 문제를 접하고, 필요한 개념을 적용해 풀어 보면서 문제 해결 능력을 키우세요.

구성 및 학습설계 : 어떻게 볼까요?

1단계 눈으로 보는 VISUAL IDEA

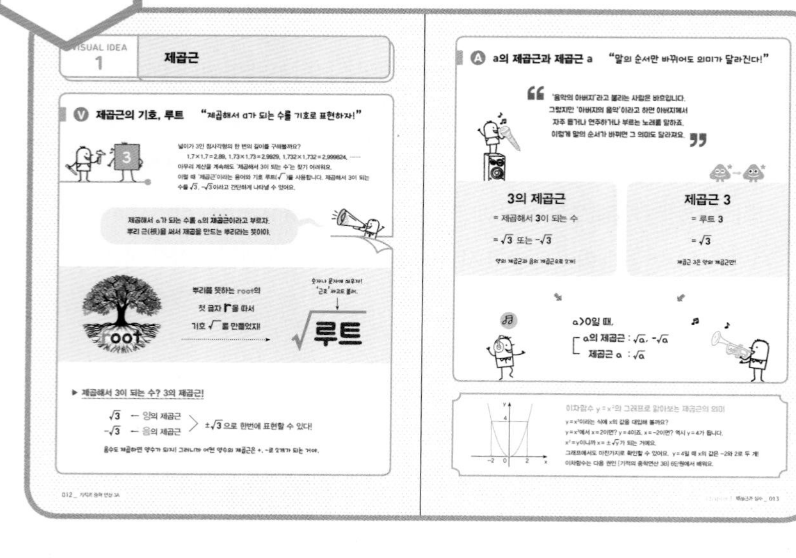

문제 훈련을 시작하기 전 가벼운 마음으로 읽어 보세요.
나무가 아니라 숲을 보아야 해요. 하나하나 파고들어 이해하기보다 위에서 내려다보듯 전체를 머릿속에 담아서 나만의 지식 그물망을 만들어 보세요.

2단계 손으로 익히는 ACT

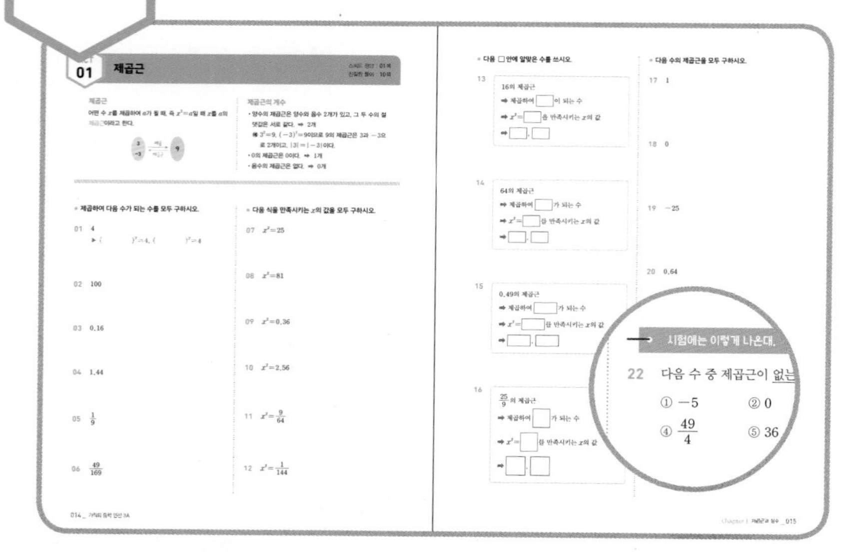

개념을 꼼꼼히 읽은 후 손에 익을 때까지 문제를 반복해서 풀어요.
완전히 이해될 때까지 쓰고 지우면서 풀고 또 풀어 보세요.

시험에는 이렇게 나온대.

학교 시험에서 기초 연산이 어떻게 출제되는지 알 수 있어요. 모양은 다르지만 기초 연산과 똑같이 풀면 되는 문제로 구성되어 있어요.

3단계 머리로 적용하는 ACT+

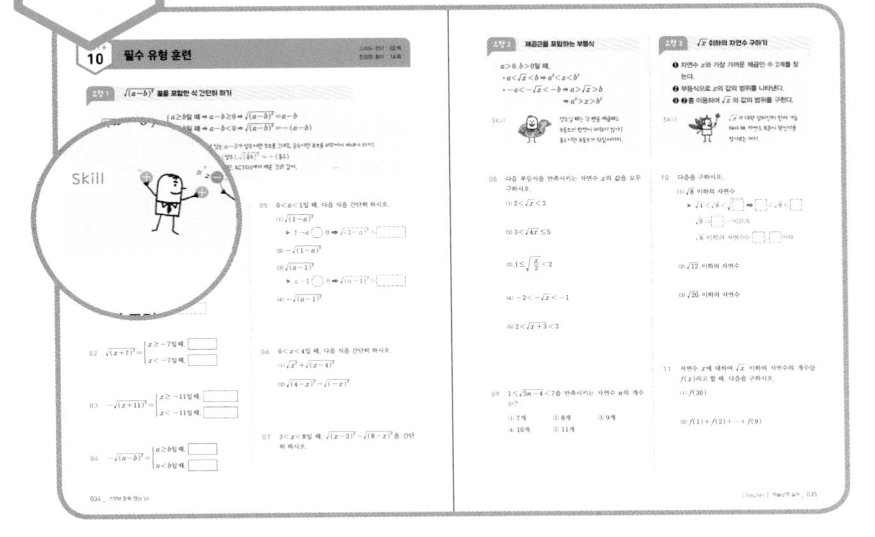

기초 연산 문제보다는 다소 어렵지만 꼭 익혀야 할 유형의 문제입니다. 차근차근 따라 풀 수 있도록 설계되어 있으므로 개념과 Skill을 적극 활용하세요.

Skill

문제 풀이의 tip을 말랑말랑한 표현으로 알려줍니다. 딱딱한 수식보다 효과적으로 유형을 이해할 수 있어요.

Test 단원 평가

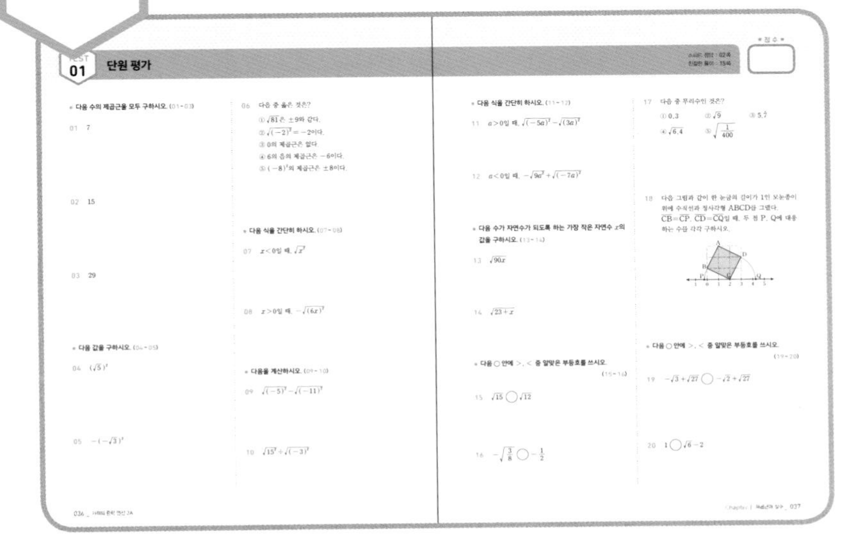

점수도 중요하지만, 얼마나 이해하고 있는지를 아는 것이 더 중요해요.
배운 내용을 꼼꼼하게 확인하고, 틀린 문제는 앞의 **ACT**나 **ACT+**로 다시 돌아가 한번 더 연습하세요.

목차와 스케줄러

Chapter Ⅰ 제곱근과 실수

Chapter Ⅱ 제곱근을 포함한 식의 계산

Chapter Ⅲ 다항식의 곱셈

Chapter Ⅳ 다항식의 인수분해

"하루에 공부할 양을 정해서, 매일매일 꾸준히 풀어요."

일주일에 5일 동안 공부하는 것을 목표로 합니다. 공부할 날짜를 적고, 일정을 지킬 수 있도록 노력하세요.

ACT 01	ACT 02	ACT 03	ACT 04	ACT 05	ACT 06	ACT 07
월 일	월 일	월 일	월 일	월 일	월 일	월 일
ACT 08	ACT 09	ACT+ 10	TEST 01	ACT 11	ACT 12	ACT 13
월 일	월 일	월 일	월 일	월 일	월 일	월 일
ACT 14	ACT+ 15	ACT 16	ACT 17	ACT 18	ACT 19	ACT 20
월 일	월 일	월 일	월 일	월 일	월 일	월 일
ACT+ 21	TEST 02	ACT 22	ACT 23	ACT 24	ACT 25	ACT 26
월 일	월 일	월 일	월 일	월 일	월 일	월 일
ACT 27	ACT 28	ACT 29	ACT 30	ACT 31	ACT+ 32	TEST 03
월 일	월 일	월 일	월 일	월 일	월 일	월 일
ACT 33	ACT 34	ACT 35	ACT 36	ACT 37	ACT 38	ACT 39
월 일	월 일	월 일	월 일	월 일	월 일	월 일
ACT+ 40	ACT 41	ACT 42	ACT 43	ACT 44	ACT+ 45	TEST 04
월 일	월 일	월 일	월 일	월 일	월 일	월 일

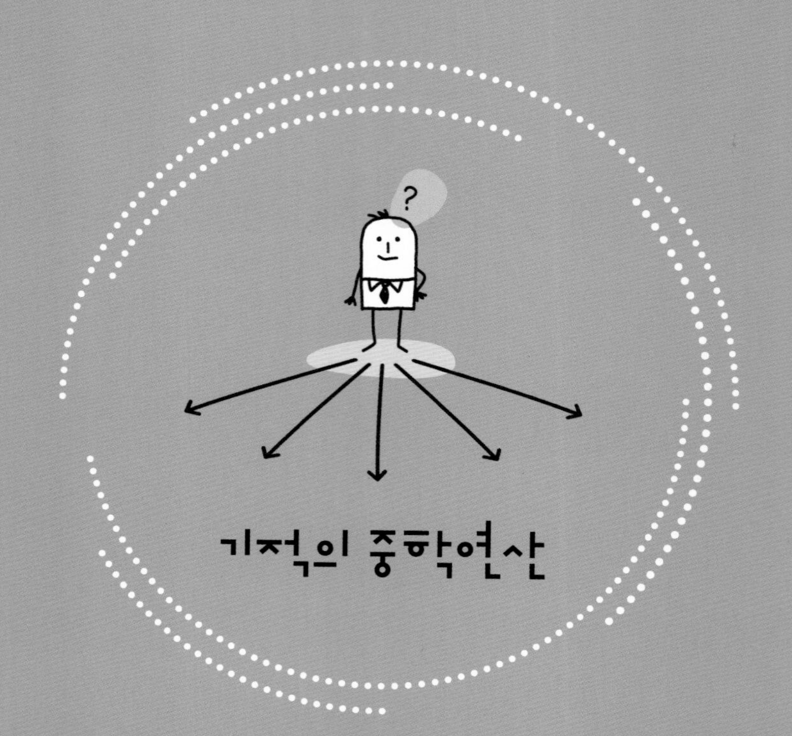
기적의 중학연산

Chapter Ⅰ

제곱근과 실수

keyword

제곱근, 제곱근의 성질, 제곱근의 대소 관계,
무리수와 실수, 제곱근표, 실수와 수직선

VISUAL IDEA
1

제곱근

Ⓥ 제곱근의 기호, 루트 "제곱해서 a가 되는 수를 기호로 표현하자!"

넓이가 3인 정사각형의 한 변의 길이를 구해볼까요?

$1.7\times1.7=2.89$, $1.73\times1.73=2.9929$, $1.732\times1.732=2.999824$, ……

아무리 계산을 계속해도 '제곱해서 3이 되는 수'는 찾기 어려워요.
이럴 때 '제곱근'이라는 용어와 기호 루트($\sqrt{\ }$)를 사용합니다. 제곱해서 3이 되는 수를 $\sqrt{3}$, $-\sqrt{3}$이라고 간단하게 나타낼 수 있어요.

제곱해서 a가 되는 수를 a의 제곱근이라고 부르자.
뿌리 근(根)을 써서 제곱을 만드는 뿌리라는 뜻이야.

뿌리를 뜻하는 root의
첫 글자 r을 따서
기호 $\sqrt{\ }$를 만들었지!

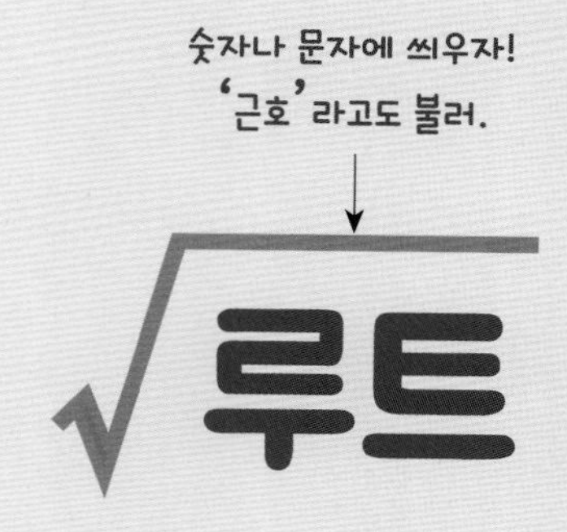

▶ 제곱해서 3이 되는 수? 3의 제곱근!

$\sqrt{3}$ ← 양의 제곱근
$-\sqrt{3}$ ← 음의 제곱근

$\pm\sqrt{3}$으로 한번에 표현할 수 있다!

음수도 제곱하면 양수가 되지! 그러니까 어떤 양수의 제곱근은 +, −로 2개가 되는 거야.

A a의 제곱근과 제곱근 a "말의 순서만 바뀌어도 의미가 달라진다!"

"'음악의 아버지'라고 불리는 사람은 바흐입니다.
그렇지만 '아버지의 음악'이라고 하면 아버지께서
자주 듣거나 연주하거나 부르는 노래를 말하죠.
이렇게 말의 순서가 바뀌면 그 의미도 달라져요."

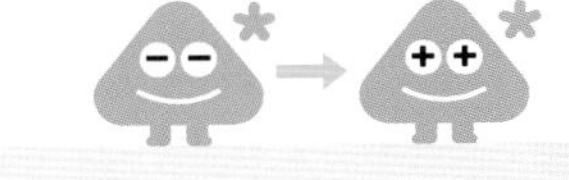

3의 제곱근	제곱근 3
= 제곱해서 **3**이 되는 수	= 루트 **3**
= $\sqrt{3}$ 또는 $-\sqrt{3}$	= $\sqrt{3}$
양의 제곱근과 음의 제곱근으로 2개!	제곱근 3은 양의 제곱근만!

제곱근 a : $\sqrt{a}$

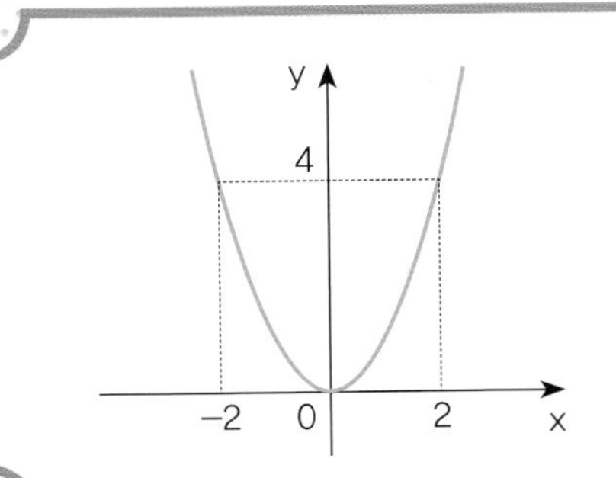

이차함수 $y=x^2$의 그래프로 알아보는 제곱근의 의미

$y=x^2$이라는 식에 x의 값을 대입해 볼까요?
$y=x^2$에서 $x=2$이면? $y=4$이죠. $x=-2$이면? 역시 $y=4$가 됩니다.
$x^2=y$이니까 $x=\pm\sqrt{y}$가 되는 거예요.
그래프에서도 마찬가지로 확인할 수 있어요. $y=4$일 때 x의 값은 -2와 2로 두 개!
이차함수는 다음 권인 [기적의 중학연산 3B] 6단원에서 배워요.

ACT 01

제곱근

스피드 정답 : 01쪽
친절한 풀이 : 10쪽

제곱근

어떤 수 x를 제곱하여 a가 될 때, 즉 $x^2=a$일 때 x를 a의 제곱근이라고 한다.

3, −3 —제곱→ 9
9 —제곱근→ 3, −3

제곱근의 개수

- 양수의 제곱근은 양수와 음수 2개가 있고, 그 두 수의 절댓값은 서로 같다. ➡ 2개
  예 $3^2=9$, $(-3)^2=9$이므로 9의 제곱근은 3과 -3으로 2개이고, $|3|=|-3|$이다.
- 0의 제곱근은 0이다. ➡ 1개
- 음수의 제곱근은 없다. ➡ 0개

---

* 제곱하여 다음 수가 되는 수를 모두 구하시오.

01 4
▶ ($\quad$)$^2=4$, ($\quad$)$^2=4$

02 100

03 0.16

04 1.44

05 $\frac{1}{9}$

06 $\frac{49}{169}$

* 다음 식을 만족시키는 x의 값을 모두 구하시오.

07 $x^2=25$

08 $x^2=81$

09 $x^2=0.36$

10 $x^2=2.56$

11 $x^2=\frac{9}{64}$

12 $x^2=\frac{1}{144}$

* 다음 □ 안에 알맞은 수를 쓰시오.

13

16의 제곱근

➡ 제곱하여 □ 이 되는 수

➡ $x^2=$ □ 을 만족시키는 x의 값

➡ □, □

14

64의 제곱근

➡ 제곱하여 □ 가 되는 수

➡ $x^2=$ □ 를 만족시키는 x의 값

➡ □, □

15

0.49의 제곱근

➡ 제곱하여 □ 가 되는 수

➡ $x^2=$ □ 를 만족시키는 x의 값

➡ □, □

16

$\frac{25}{9}$의 제곱근

➡ 제곱하여 □ 가 되는 수

➡ $x^2=$ □ 를 만족시키는 x의 값

➡ □, □

* 다음 수의 제곱근을 모두 구하시오.

17 1

18 0

19 -25

20 0.64

21 $\frac{16}{121}$

시험에는 이렇게 나온대.

22 다음 수 중 제곱근이 없는 것은?

① -5 ② 0 ③ 0.25

④ $\frac{49}{4}$ ⑤ 36

ACT 02

제곱근의 표현

스피드 정답 : 01쪽
친절한 풀이 : 10쪽

제곱근의 표현

- **$\sqrt{}$ (근호)**
  제곱근은 기호 $\sqrt{}$ (근호)를 써서 나타내고, '제곱근' 또는 '루트'라고 읽는다.
- **양수 a의 제곱근**
  양의 제곱근 : $\sqrt{a}$
  음의 제곱근 : $-\sqrt{a}$
  ➡ $\pm\sqrt{a}$

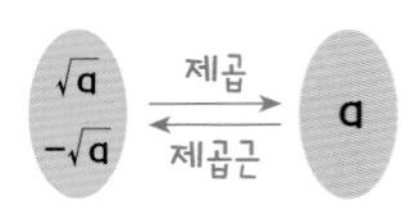

- 근호 안의 수가 어떤 수의 제곱이면 근호를 사용하지 않고 나타낼 수 있다.

a의 제곱근과 제곱근 a $(a>0)$

- a의 제곱근 ➡ $\pm\sqrt{a}$
- 제곱근 a ➡ $\sqrt{a}$
- a의 제곱근과 제곱근 a의 비교

	a의 제곱근	제곱근 a
뜻	제곱하여 a가 되는 수	a의 양의 제곱근
표현	$\sqrt{a}$, $-\sqrt{a}$	$\sqrt{a}$
개수	2개	1개

＊ 다음 수의 제곱근을 근호를 사용하여 나타내시오.

01 13

02 41

03 2.7

04 -5.3

05 $\dfrac{5}{21}$

＊ 다음 수를 근호를 사용하지 않고 나타내시오.

06 $\sqrt{16}=($ $\square$ 의 양의 제곱근$)=$ $\square$

07 $-\sqrt{25}$

08 $\pm\sqrt{1.21}$

09 $\sqrt{\dfrac{25}{81}}$

10 $-\sqrt{\dfrac{49}{144}}$

11 다음 표를 완성하시오.

양수 a	a의 양의 제곱근	a의 음의 제곱근
5^2		
$(-3)^2$		
$\left(\frac{1}{9}\right)^2$		
$\left(-\frac{25}{121}\right)^2$		

*** 다음을 구하시오.**

12 (1) 제곱근 11

(2) 11의 제곱근

(3) 11의 양의 제곱근

(4) 11의 음의 제곱근

13 (1) 제곱근 19

(2) 19의 제곱근

(3) 19의 양의 제곱근

(4) 19의 음의 제곱근

14 (1) 제곱근 30

(2) 30의 제곱근

(3) 30의 양의 제곱근

(4) 30의 음의 제곱근

*** 다음 그림과 같은 직각삼각형에서 x의 값을 근호를 사용하여 나타내시오.**

15

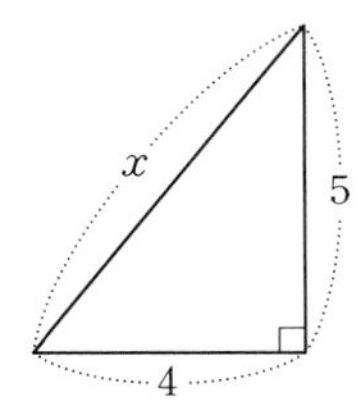

16

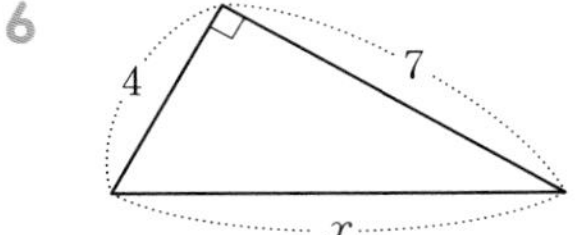

17

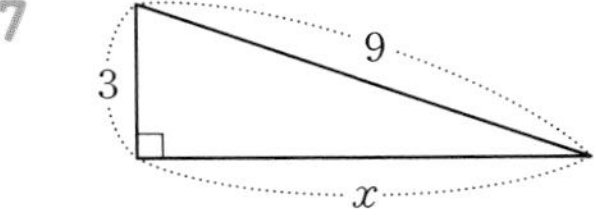

시험에는 이렇게 나온대.

18 81의 양의 제곱근을 a, $\left(-\frac{4}{9}\right)^2$의 음의 제곱근을 b라고 할 때, $a\times b$의 값을 구하시오.

ACT 03

제곱근의 성질

스피드 정답 : 01쪽
친절한 풀이 : 10쪽

제곱근의 성질

$a>0$일 때

- a의 제곱근을 제곱하면 a가 된다.

$$(\sqrt{a})^2=a,\ (-\sqrt{a})^2=a$$

예) $(\sqrt{2})^2=2$, $(-\sqrt{2})^2=2$

- 근호 안의 수가 어떤 수의 제곱이면 근호를 사용하지 않고 나타낼 수 있다.

$$\sqrt{a^2}=a,\ \sqrt{(-a)^2}=a$$

예) $\sqrt{2^2}=2$, $\sqrt{(-2)^2}=2$

$\sqrt{a^2}$의 성질

$$\sqrt{a^2}=|a|=\begin{cases} a\geq 0\text{일 때, } a & \text{(부호 그대로)} \\ a<0\text{일 때, } -a & \text{(부호 반대로)} \end{cases}$$

- $\sqrt{(\text{양수})^2}=(\text{양수})$
- $\sqrt{(\text{음수})^2}=-(\text{음수})$

＊ 다음 수를 근호를 사용하지 않고 나타내시오.

01 $(\sqrt{3})^2$

02 $(\sqrt{0.1})^2$

03 $(-\sqrt{7})^2$

04 $-(\sqrt{0.9})^2$

05 $-\left(\sqrt{\frac{14}{15}}\right)^2$

06 $-(-\sqrt{0.7})^2$

07 $\sqrt{\left(\frac{1}{4}\right)^2}$

08 $\sqrt{(-4.3)^2}$

09 $\sqrt{\left(-\frac{11}{13}\right)^2}$

10 $-\sqrt{9^2}$

11 $-\sqrt{(-20)^2}$

12 $-\sqrt{\left(-\frac{7}{6}\right)^2}$

* $a>0$일 때, 다음을 근호를 사용하지 않고 나타내시오.

13 $\sqrt{(3a)^2}$

▶ $3a$ ◯ 0이므로 $\sqrt{(3a)^2}=$ □

>, <

14 $\sqrt{(-2a)^2}$

15 $-\sqrt{(4a)^2}$

* $a<0$일 때, 다음을 근호를 사용하지 않고 나타내시오.

16 $\sqrt{(4a)^2}$

▶ $4a$ ◯ 0이므로 $\sqrt{(4a)^2}=$ □

17 $\sqrt{(-3a)^2}$

18 $-\sqrt{(-5a)^2}$

* 다음 □ 안에 알맞은 식을 쓰시오.

19 $\sqrt{a^2}=\begin{cases} a\geq 0\text{일 때, } \square \\ a<0\text{일 때, } \square \end{cases}$

a가 양수이면 부호는 그대로
a가 음수이면 부호는 반대로

20 $\sqrt{(6a)^2}=\begin{cases} a\geq 0\text{일 때, } \square \\ a<0\text{일 때, } \square \end{cases}$

21 $\sqrt{(-a)^2}=\begin{cases} a\geq 0\text{일 때, } \square \\ a<0\text{일 때, } \square \end{cases}$

22 $\sqrt{(-2a)^2}=\begin{cases} a\geq 0\text{일 때, } \square \\ a<0\text{일 때, } \square \end{cases}$

23 $-\sqrt{(-4a)^2}=\begin{cases} a\geq 0\text{일 때, } \square \\ a<0\text{일 때, } \square \end{cases}$

24 $-\sqrt{(-10a)^2}=\begin{cases} a\geq 0\text{일 때, } \square \\ a<0\text{일 때, } \square \end{cases}$

ACT 04

제곱근의 성질을 이용한 계산

스피드 정답 : 01쪽
친절한 풀이 : 11쪽

근호 안이 숫자일 때

제곱근의 성질을 이용하여 근호를 없앤 후 계산한다.

$$(\sqrt{2})^2-\sqrt{(-3)^2}=2-3=-1$$

근호 안이 문자일 때

제곱근의 성질을 이용하여 근호를 없앤 후 계산한다.

$-a>0$이므로 근호를 없애면서 그대로 나온다.

$$a<0 \text{일 때, } \sqrt{(3a)^2}-\sqrt{(-a)^2}=-3a-(-a)=-3a+a=-2a$$

$3a<0$이므로 근호를 없애면서 앞에 $-$를 붙인다.

제곱근의 성질

$a>0$일 때

- $(\sqrt{a})^2=a$, $(-\sqrt{a})^2=a$
- $\sqrt{a^2}=a$, $\sqrt{(-a)^2}=a$

*** 다음을 계산하시오.**

01 $\sqrt{5^2}+\sqrt{(-7)^2}=\square+\square=\square$

02 $(-\sqrt{10})^2+\sqrt{13^2}$

03 $\sqrt{\left(\frac{1}{2}\right)^2}+\sqrt{\left(-\frac{1}{2}\right)^2}$

04 $(-\sqrt{2})^2-\sqrt{4^2}=\square-\square=\square$

05 $\sqrt{(-14)^2}-(\sqrt{5})^2$

06 $-(-\sqrt{2.3})^2-\sqrt{0.2^2}$

07 $\sqrt{3^2}\times(-\sqrt{2})^2=\square\times\square=\square$

08 $\sqrt{6^2}\times\sqrt{49}$

09 $(-\sqrt{11})^2\times\sqrt{(-2)^2}$

10 $(\sqrt{10})^2\div(-\sqrt{2})^2=\square\div\square=\square$

11 $\sqrt{21^2}\div\sqrt{(-7)^2}$

12 $\sqrt{64}\div\left(-\sqrt{\frac{4}{9}}\right)^2$

* $a>0$일 때, 다음 식을 간단히 하시오.

13 $\sqrt{(2a)^2}+\sqrt{(5a)^2}$

$=\square+\square=\square$

14 $\sqrt{(-3a)^2}+\sqrt{(4a)^2}$

15 $\sqrt{(6a)^2}+\sqrt{(-7a)^2}$

16 $\sqrt{(-2a)^2}-\sqrt{(-9a)^2}$

17 $-\sqrt{(5a)^2}+\sqrt{(-8a)^2}$

18 $-\sqrt{(13a)^2}-\sqrt{(-36a)^2}$

19 $-\sqrt{64a^2}-\sqrt{(3a)^2}$

* $a<0$일 때, 다음 식을 간단히 하시오.

20 $\sqrt{(2a)^2}+\sqrt{(4a)^2}$

$=\square+(\square)=\square$

21 $\sqrt{(-4a)^2}+\sqrt{(-5a)^2}$

22 $\sqrt{(-3a)^2}+\sqrt{(4a)^2}$

23 $\sqrt{(9a)^2}-\sqrt{(-7a)^2}$

24 $-\sqrt{(-4a)^2}+\sqrt{25a^2}$

25 $-\sqrt{36a^2}+\sqrt{(-21a)^2}$

26 $-\sqrt{(-14a)^2}-\sqrt{144a^2}$

ACT 05

$\sqrt{Ax}$가 자연수가 되게 하는 x의 값 구하기

스피드 정답 : 01쪽
친절한 풀이 : 12쪽

$\sqrt{18x}$가 자연수가 되도록 하는 가장 작은 자연수 x의 값은 다음과 같은 방법으로 구한다.

❶ 자연수 18을 소인수분해한다. ➡ $18=2\times3^2$

❷ 18의 소인수 중에서 지수가 홀수인 소인수를 찾는다. ➡ 2

❸ x가 될 수 있는 꼴을 구한다. ➡ $2\times$(자연수)^2

❹ 가장 작은 자연수 x의 값을 구한다. ➡ 2

$x=2$일 때, $\sqrt{18x}=\sqrt{2\times3^2\times2}=\sqrt{6^2}=6$이 된다.

* 다음 수가 자연수가 되도록 하는 가장 작은 자연수 x의 값을 구하시오.

01 $\sqrt{2\times5^2\times x}$

02 $\sqrt{2^2\times3\times7\times x}$

03 $\sqrt{20x}$

▶ ❶ 20을 소인수분해하면 $20=\square^2\times\square$

❷ 20의 소인수 중에서 지수가 홀수인 소인수는 $\square$이다.

❸ 가장 작은 자연수 x의 값은 $\square$이다.

04 $\sqrt{45x}$

05 $\sqrt{60x}$

06 $\sqrt{\dfrac{3^2\times5}{x}}$

07 $\sqrt{\dfrac{2\times5^2\times11}{x}}$

08 $\sqrt{\dfrac{12}{x}}$

▶ ❶ 12를 소인수분해하면 $12=\square^2\times\square$

❷ 12의 소인수 중에서 지수가 홀수인 소인수는 $\square$이다.

❸ 가장 작은 자연수 x의 값은 $\square$이다.

09 $\sqrt{\dfrac{40}{x}}$

10 $\sqrt{\dfrac{72}{x}}$

* 다음 수가 자연수가 되도록 하는 가장 작은 자연수 x의 값을 구하시오.

$\sqrt{A+x}$가 자연수이면 $A+x$는 A보다 큰 자연수의 제곱인 수야.

11 $\sqrt{14+x}$

▶ ❶ $\sqrt{14+x}$가 자연수가 되려면 $14+x$는 ☐보다 큰 제곱인 수이어야 한다.

❷ $14+x=$☐, 25, 36, …이므로

$x=$☐, 11, 22, …이다.

❸ 가장 작은 자연수 x의 값은 ☐이다.

12 $\sqrt{19+x}$

13 $\sqrt{40+x}$

14 $\sqrt{92+x}$

$\sqrt{A-x}$가 자연수이면 $A-x$는 A보다 작은 자연수의 제곱인 수야.

15 $\sqrt{10-x}$

▶ ❶ $\sqrt{10-x}$가 자연수가 되려면 $10-x$는 ☐보다 작은 제곱인 수이어야 한다.

❷ $10-x=$☐, 4, 1이므로

$x=$☐, 6, 9이다.

❸ 가장 작은 자연수 x의 값은 ☐이다.

16 $\sqrt{68-x}$

17 $\sqrt{127-x}$

시험에는 이렇게 나온대.

18 다음 중 $\sqrt{20-x}$가 정수가 되도록 하는 자연수 x의 값이 아닌 것은?

① 4 ② 11 ③ 13
④ 16 ⑤ 19

ACT 06

제곱근의 대소 관계

스피드 정답 : 01쪽
친절한 풀이 : 12쪽

근호가 있는 수의 대소 관계

$a>0$, $b>0$일 때

- $a<b$이면 $\sqrt{a}<\sqrt{b}$
- $\sqrt{a}<\sqrt{b}$이면 $a<b$
- $\sqrt{a}<\sqrt{b}$이면 $-\sqrt{b}<-\sqrt{a}$

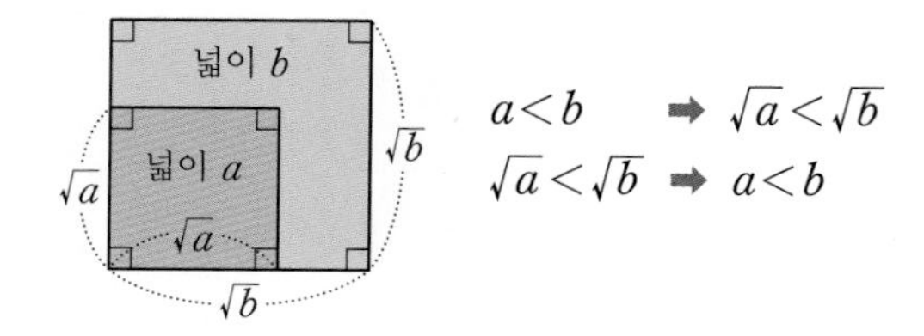

근호가 있는 수와 근호가 없는 수의 대소 비교

[방법 ❶] 근호가 없는 수를 근호를 사용하여 나타낸 후 대소를 비교한다.

[방법 ❷] 각 수를 제곱하여 근호를 벗긴 후 대소를 비교한다.

예 3과 $\sqrt{7}$의 대소 비교

❶ $\sqrt{3^2}$과 $\sqrt{7}$ 비교
$\sqrt{3^2}=\sqrt{9}$이고 $9>7$이므로 $\sqrt{9}>\sqrt{7}$
$\therefore 3>\sqrt{7}$

❷ 3^2과 $(\sqrt{7})^2$ 비교
$3^2=9$, $(\sqrt{7})^2=7$이고 $9>7$이므로 $3>\sqrt{7}$

---

* 다음 ○ 안에 >, < 중 알맞은 부등호를 쓰시오.

01 $\sqrt{2}$ ○ $\sqrt{3}$

▶ 2 ○ 3이므로 $\sqrt{2}$ ○ $\sqrt{3}$

02 $\sqrt{20}$ ○ $\sqrt{16}$

03 $\sqrt{1.6}$ ○ $\sqrt{0.7}$

04 $\sqrt{0.01}$ ○ $\sqrt{0.1}$

05 $\sqrt{\frac{1}{5}}$ ○ $\sqrt{\frac{1}{8}}$

06 $-\sqrt{6}$ ○ $-\sqrt{5}$

▶ 6 ○ 5이므로 $\sqrt{6}$ ○ $\sqrt{5}$

$\therefore -\sqrt{6}$ ○ $-\sqrt{5}$

07 $-\sqrt{40}$ ○ $-\sqrt{4}$

08 $-\sqrt{3}$ ○ $-\sqrt{4.1}$

09 $-\sqrt{2.3}$ ○ $-\sqrt{1.9}$

10 $-\sqrt{\frac{2}{3}}$ ○ $-\sqrt{\frac{2}{5}}$

* 다음 ○ 안에 >, < 중 알맞은 부등호를 쓰시오.

11 $2 \bigcirc \sqrt{3}$

▶ $2=\sqrt{4}$이고 $4 \bigcirc 3$이므로 $2 \bigcirc \sqrt{3}$

12 $6 \bigcirc \sqrt{35}$

13 $0.2 \bigcirc \sqrt{0.2}$

14 $-\sqrt{7} \bigcirc -3$

15 $-\sqrt{2} \bigcirc -1.3$

16 $-\frac{3}{4} \bigcirc -\sqrt{\frac{5}{8}}$

* 다음 수를 큰 것부터 차례대로 쓰시오.

17

$-\sqrt{5},\quad -3,\quad \frac{1}{4},\quad \sqrt{\frac{1}{6}}$

음수는 음수끼리,
양수는 양수끼리 비교해.

18

$-\sqrt{\frac{1}{7}},\quad 2,\quad -\frac{1}{5},\quad \sqrt{13}$

19

$-\sqrt{3},\quad -\sqrt{\frac{9}{2}},\quad 6,\quad \sqrt{\frac{25}{4}}$

시험에는 이렇게 나온대.

20 다음 중 두 수의 대소 관계가 옳은 것은?

① $\sqrt{3}>\sqrt{7}$
② $-\sqrt{\frac{1}{2}}<-\sqrt{\frac{1}{3}}$
③ $6>\sqrt{40}$
④ $-\sqrt{8}<-8$
⑤ $\sqrt{\frac{3}{2}}>2$

VISUAL IDEA 2

실수

V 실수 "유리수 + 무리수 = 실수"

2학년 1학기 유리수 단원에서 배웠던 것을 떠올려보자!

"순환소수가 아닌 무한소수 = 무리수"

유리수 { 유한소수 0.3, 3.51, 5.946 / 순환소수 0.33333…… }
무리수 { 순환소수가 아닌 무한소수 3.141592…… }
순환소수, 순환소수가 아닌 무한소수 → 무한소수
유한소수, 무한소수 → 소수

π
$\sqrt{2}$
$\sqrt{5}$
⋮

분수로 표시할 수 없는 수를 무리수라고 합니다.
원주율 π는 3.141592……를 간단히 표기하는 기호이고,
루트는 분명 존재하는 수이지만 정확한 값을 표시하기 어려울 때 사용해요.
제곱수가 아니어서 루트를 벗길 수 없다면 모두 무리수라고 생각하세요.

그렇다면 유리수와 무리수를 한꺼번에 묶어 부르는 이름은? 실수!

자연수에서 정수, 정수에서 유리수, 유리수에서 무리수까지 모두 묶어 실수라고 부른다.

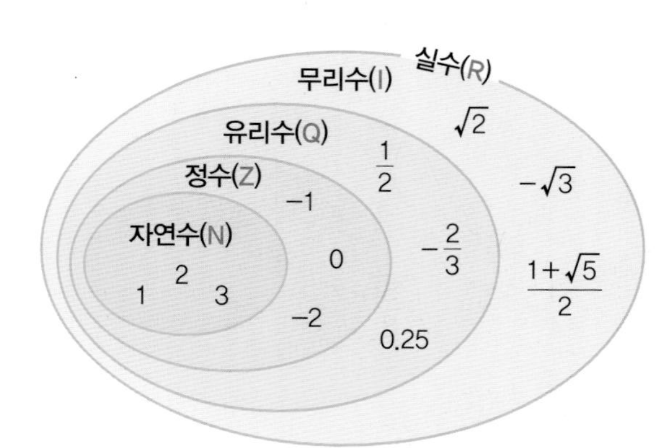

A $\sqrt{2}$는 진짜 수직선 위에 존재하는 수일까?

정사각형의 대각선의 길이를 이용해서 루트 $\sqrt{2}$를 찾아볼까요?

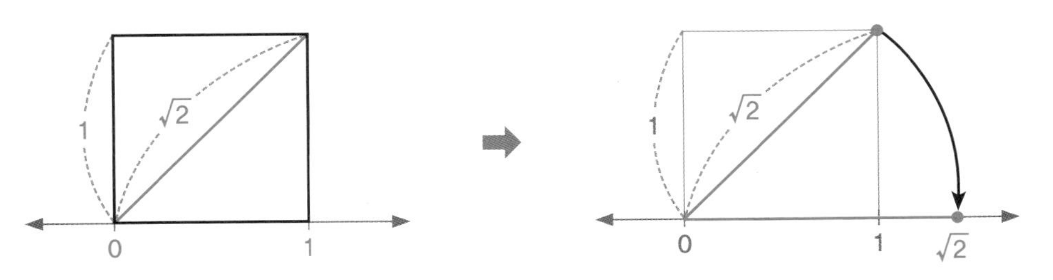

[Step 1] 수직선 위에 한 변의 길이가 1인 정사각형을 그린다.
피타고라스 정리를 이용하면 대각선의 길이를 구할 수 있다. ➡ $1^2+1^2=(\sqrt{2})^2$

[Step 2] 대각선의 길이를 반지름으로 하는 원을 그려 수직선과의 교점을 찾는다.

같은 방법으로 $\sqrt{\ }$를 포함하는 모든 무리수는 수직선 위에 나타낼 수 있어요.

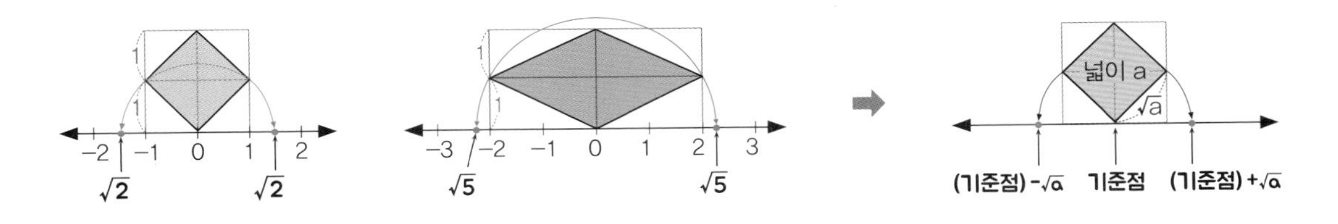

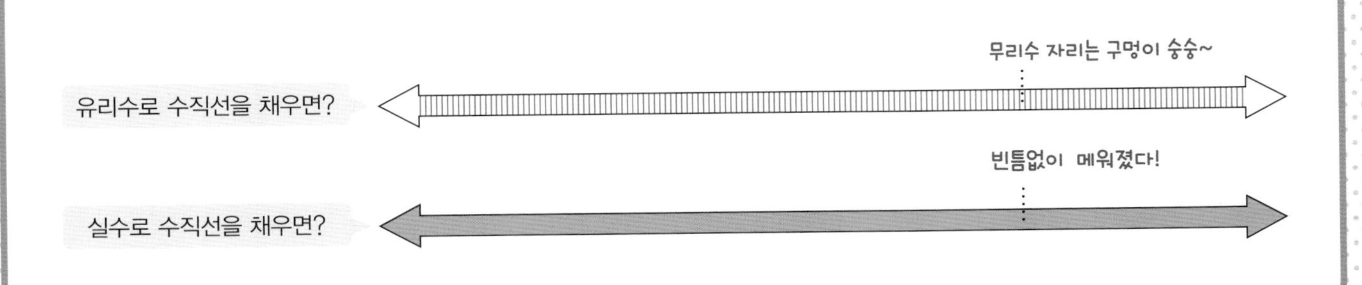

실수實數 vs. 허수虛數

실수는 real number, 즉 실제로 존재하는 수를 말해요. 실수는 수직선에 표시하는 게 가능하니까 눈으로 가늠할 수 있는 수인 거죠. 그렇다면 존재하지 않는 수도 있는 걸까요?

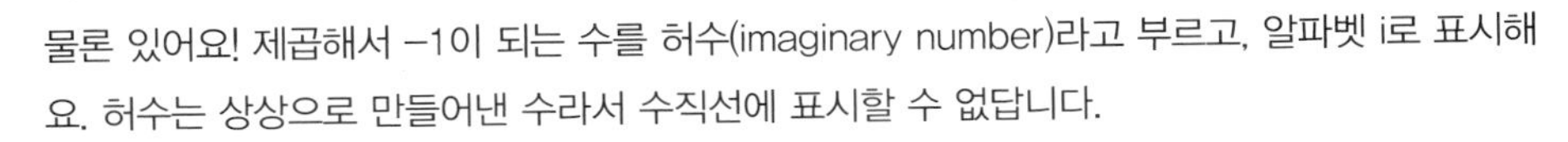

물론 있어요! 제곱해서 −1이 되는 수를 허수(imaginary number)라고 부르고, 알파벳 i로 표시해요. 허수는 상상으로 만들어낸 수라서 수직선에 표시할 수 없답니다.

ACT 07

무리수와 실수

무리수

- **유리수** : $\frac{(정수)}{(0이\ 아닌\ 정수)}$ 꼴로 나타낼 수 있는 수
- **무리수** : 유리수가 아닌 수, 즉 순환소수가 아닌 무한소수
- **소수의 분류**

소수 { 유한소수 ─ 유리수; 무한소수 { 순환소수 ─ 유리수; 순환소수가 아닌 무한소수 ─ 무리수 } }

실수

- 유리수와 무리수를 통틀어 실수라고 한다.
- **실수의 분류**

실수 { 유리수 { 정수 { 양의 정수(자연수), 0, 음의 정수 }, 정수가 아닌 유리수 }, 무리수(순환소수가 아닌 무한소수) }

＊ 다음 수가 유리수이면 '유'를, 무리수이면 '무'를 ( ) 안에 쓰시오.

01 $\sqrt{5}$ (　　　)

02 $\sqrt{16}$ (　　　)

03 π (　　　)

04 $1.\dot{2}\dot{3}$ (　　　)

05 $-\sqrt{1.8}$ (　　　)

06 $\sqrt{\frac{16}{4}}$ (　　　)

＊ 다음 설명 중 옳은 것에는 ○표, 옳지 않은 것에는 ×표를 하시오.

07 $\sqrt{144}$는 유리수이다. (　　　)

08 5π는 순환소수이다. (　　　)

09 $\frac{\sqrt{10}}{2}$은 무리수이다. (　　　)

10 $\sqrt{15}$는 $\frac{(정수)}{(0이\ 아닌\ 정수)}$ 꼴로 나타낼 수 있다. (　　　)

11 순환소수는 모두 유리수이다. (　　　)

제곱근표

스피드 정답 : 02쪽
친절한 풀이 : 13쪽

- **제곱근표** : 1.00부터 99.9까지의 수의 양의 제곱근의 값을 반올림하여 소수점 아래 셋째 자리까지 나타낸 표
- **제곱근표 읽는 방법**
  처음 두 자리 수의 가로줄과 끝자리 수의 세로줄이 만나는 곳의 수를 읽는다.
  ㉠ $\sqrt{1.12}$의 값 ➡ 1.1의 가로줄과 2의 세로줄이 만나는 곳의 수 ➡ 1.058

수	…	2	…
1.0	…	1.010	…
1.1	…	1.058	…
⋮	⋮	⋮	⋮

※ 아래 제곱근표를 보고 다음 제곱근의 값을 구하시오.

수	0	1	2	3	4
1.0	1.000	1.005	1.010	1.015	1.020
1.1	1.049	1.054	1.058	1.063	1.068
1.2	1.095	1.100	1.105	1.109	1.114
1.3	1.140	1.145	1.149	1.153	1.158
1.4	1.183	1.187	1.192	1.196	1.200
1.5	1.225	1.229	1.233	1.237	1.241
1.6	1.265	1.269	1.273	1.277	1.281
1.7	1.304	1.308	1.311	1.315	1.319
1.8	1.342	1.345	1.349	1.353	1.356
1.9	1.378	1.382	1.386	1.389	1.393

12 $\sqrt{1.03}$

13 $\sqrt{1.32}$

14 $\sqrt{1.54}$

15 $\sqrt{1.6}$

16 $\sqrt{1.93}$

※ $\sqrt{x}$의 값이 다음과 같을 때, 아래 제곱근표를 이용하여 x의 값을 구하시오.

수	0	1	2	3	4
5.5	2.345	2.347	2.349	2.352	2.354
5.6	2.366	2.369	2.371	2.373	2.375
5.7	2.387	2.390	2.392	2.394	2.396
5.8	2.408	2.410	2.412	2.415	2.417
5.9	2.429	2.431	2.433	2.435	2.437
6.0	2.449	2.452	2.454	2.456	2.458
6.1	2.470	2.472	2.474	2.476	2.478
6.2	2.490	2.492	2.494	2.496	2.498
6.3	2.510	2.512	2.514	2.516	2.518
6.4	2.530	2.532	2.534	2.536	2.538

17 $\sqrt{x}=2.472$

18 $\sqrt{x}=2.530$

19 $\sqrt{x}=2.369$

20 $\sqrt{x}=2.538$

21 $\sqrt{x}=2.456$

ACT 08

무리수를 수직선 위에 나타내기

스피드 정답 : 02쪽
친절한 풀이 : 13쪽

무리수 $\sqrt{2}$, $-\sqrt{2}$를 수직선 위에 나타내기

❶ 수직선 위의 원점을 한 꼭짓점으로 하고, 빗변의 길이가 $\sqrt{2}$인 직각삼각형을 그린다.
❷ 원점을 중심으로 하고 직각삼각형의 빗변을 반지름으로 하는 원을 그린다.
❸ 원과 수직선이 만나는 두 점에 $\sqrt{2}$와 $-\sqrt{2}$를 대응시킨다.

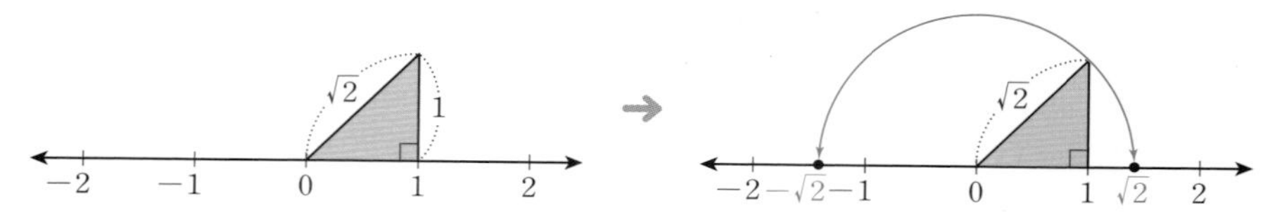

참고 피타고라스 정리를 이용하여 직각삼각형의 빗변의 길이를 구할 수 있다.

직각삼각형의 빗변을 반지름으로 하는 원이 수직선과 만나는 점에 대응하는 수 구하기

대응하는 점이 기준점의
- 오른쪽인 경우 : (기준점의 좌표)+(직각삼각형의 빗변의 길이)
- 왼쪽인 경우 : (기준점의 좌표)−(직각삼각형의 빗변의 길이)

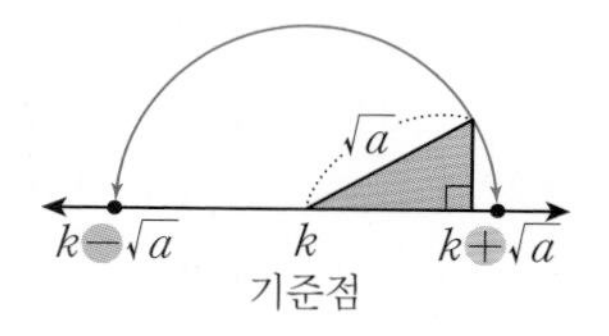

＊ **다음 그림과 같이 한 눈금의 길이가 1인 모눈종이 위에 수직선과 직각삼각형 ABC를 그렸다. $\overline{AC}=\overline{AP}$일 때, 점 P에 대응하는 수를 구하시오.**

01

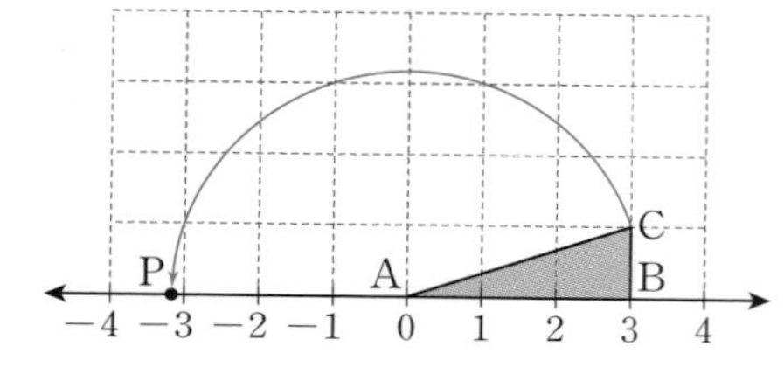

▶ 직각삼각형 ABC에서
$\overline{AC}^2=3^2+1^2=10$이므로
$\overline{AC}=$ ☐ ($\because \overline{AC}>0$)
이때 $\overline{AP}=\overline{AC}=$ ☐ 이고, 점 P는 원점으로부터 왼쪽으로 ☐ 만큼 떨어져 있으므로
점 P에 대응하는 수는 ☐ 이다.

02

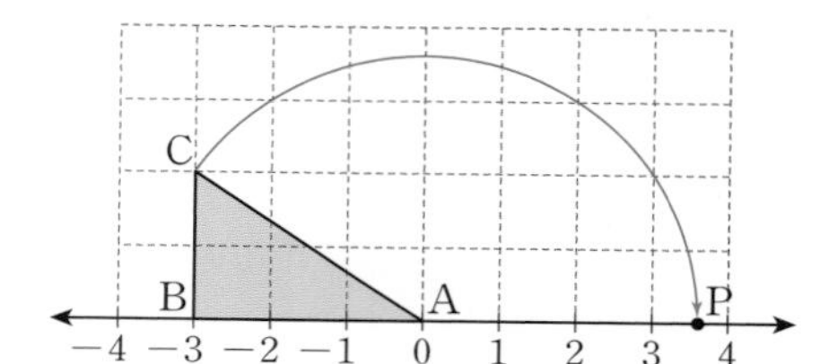

03

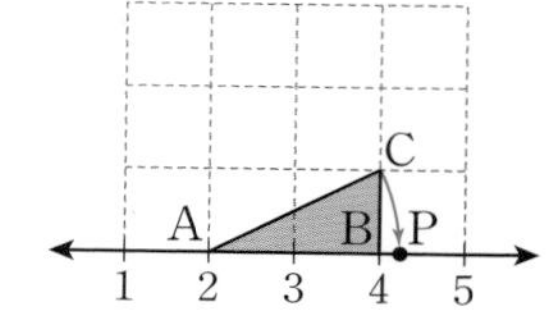

04

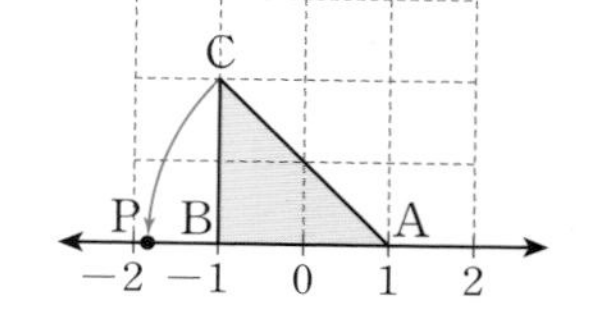

* 다음 수직선 위의 사각형은 한 변의 길이가 1인 정사각형이다. 두 점 P, Q에 대응하는 수를 각각 구하시오.

05 $\overline{BD}=\overline{BP}$, $\overline{CA}=\overline{CQ}$일 때

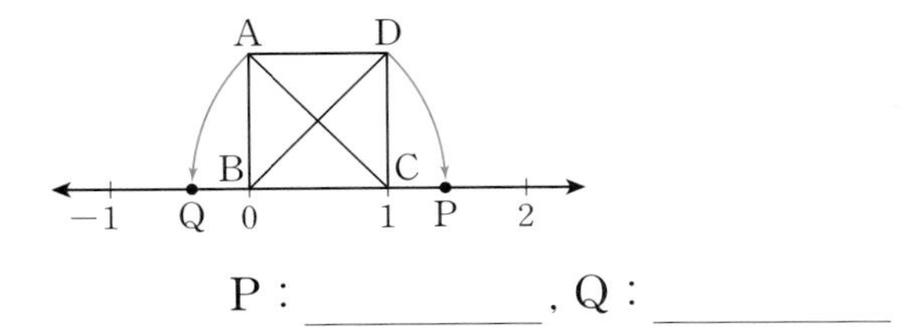

P : ________, Q : ________

06 $\overline{BD}=\overline{BP}$, $\overline{CA}=\overline{CQ}$일 때

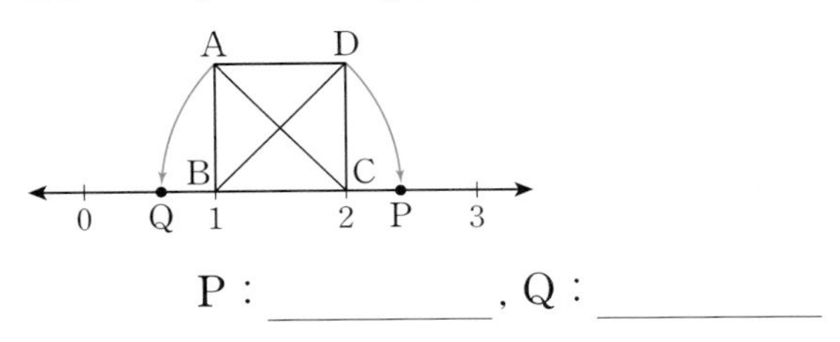

P : ________, Q : ________

07 $\overline{BD}=\overline{BP}$, $\overline{CA}=\overline{CQ}$일 때

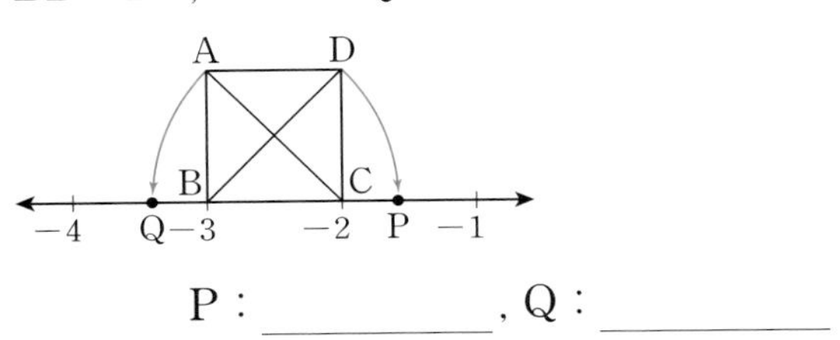

P : ________, Q : ________

08 $\overline{CA}=\overline{CP}$, $\overline{DF}=\overline{DQ}$일 때

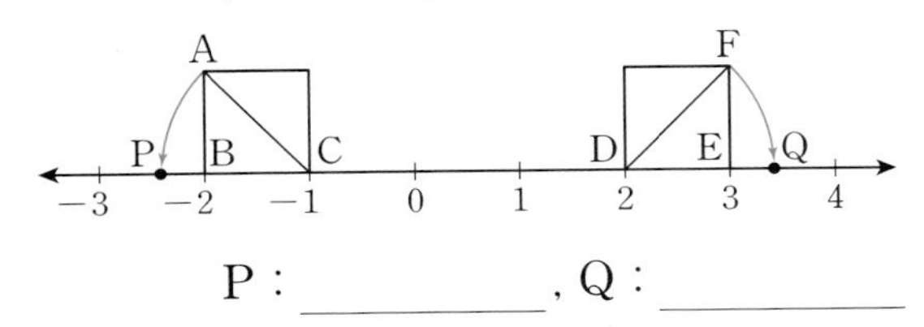

P : ________, Q : ________

* 다음 그림과 같이 한 눈금의 길이가 1인 모눈종이 위에 수직선과 정사각형 ABCD를 그렸다. $\overline{CB}=\overline{CP}$, $\overline{CD}=\overline{CQ}$일 때, 두 점 P, Q에 대응하는 수를 각각 구하시오.

09

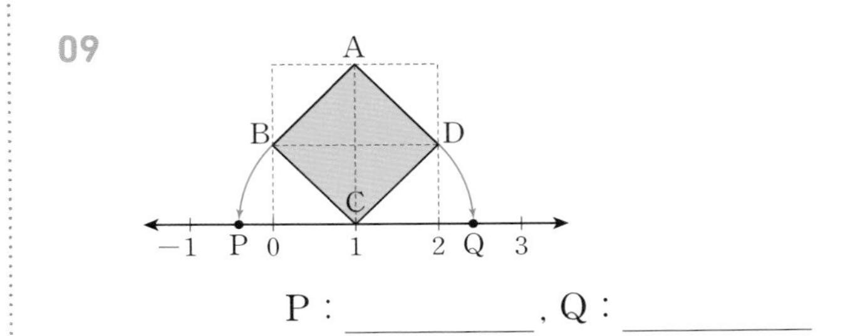

P : ________, Q : ________

10

P : ________, Q : ________

11

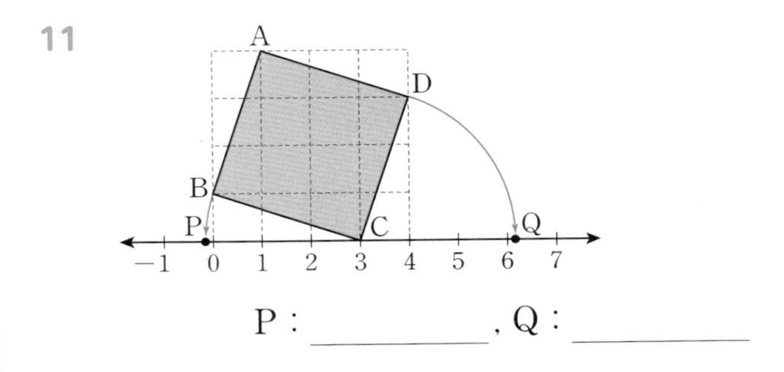

P : ________, Q : ________

ACT 09

실수와 수직선

스피드 정답 : 02쪽
친절한 풀이 : 14쪽

실수와 수직선

• 모든 실수는 각각 수직선 위의 한 점에 대응한다.
• 서로 다른 두 실수 사이에는 무수히 많은 실수가 있다.
• 수직선은 유리수와 무리수, 즉 실수에 대응하는 점들로 완전히 메울 수 있다.

실수의 대소 관계

[방법 ❶] 부등식의 성질 이용

$\sqrt{2}+1$ ◯ 1
$\sqrt{2}$ (>) 0 (양변에서 1을 뺀다.)
$\therefore \sqrt{2}+1$ (>) 1

양변에 1을 더해도 부등호의 방향은 바뀌지 않는다.

[방법 ❷] 제곱근의 어림한 값 이용

$\underset{=3.\cdots}{\sqrt{11}}$ ◯ $\underset{=1.732\cdots}{1+\sqrt{3}}$

$\therefore \sqrt{11}$ (>) $\underset{=2.732\cdots}{1+\sqrt{3}}$

• 제곱근의 어림한 값
$\sqrt{2}=1.414\cdots$
$\sqrt{3}=1.732\cdots$, $\sqrt{4}=2$
$\sqrt{5}$, $\sqrt{6}$, $\sqrt{7}$, $\sqrt{8}$ ➡ 2.xxx
$\sqrt{9}=3$
$\sqrt{10}$, $\cdots$, $\sqrt{15}$ ➡ 3.xxx
$\sqrt{16}=4$

✽ **다음 설명 중 옳은 것에는 ○표, 옳지 <u>않은</u> 것에는 ×표를 하시오.**

01 수직선 위에 $1-\sqrt{2}$에 대응하는 점은 나타낼 수 없다. (　　　)

02 두 유리수 0과 1 사이에는 무수히 많은 유리수가 있다. (　　　)

03 두 무리수 $\sqrt{2}$와 $\sqrt{3}$ 사이에는 유리수가 있다. (　　　)

04 수직선은 유리수에 대응하는 점만으로 완전히 메울 수 있다. (　　　)

✽ **아래 수직선 위의 점 중에서 주어진 수에 대응하는 점을 찾으시오.**

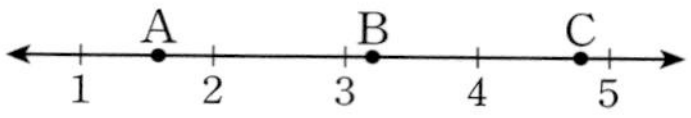

05 $\sqrt{10}$

▶ $3=\sqrt{\square}$, $4=\sqrt{\square}$이므로

3 ◯ $\sqrt{10}$ ◯ 4

따라서 $\sqrt{10}$에 대응하는 점은 $\square$이다.

06 $\sqrt{24}$

07 $\sqrt{\frac{5}{2}}$

* 다음 두 실수의 대소 관계를 부등식의 성질을 이용하여 비교한 후, ○ 안에 >, < 중 알맞은 부등호를 쓰시오.

08 $\sqrt{2}-5$ ○ $\sqrt{3}-5$

▶ 양변에 5를 더하면

$\sqrt{2}$ ○ $\sqrt{3}$

$\therefore \sqrt{2}-5$ ○ $\sqrt{3}-5$

09 $3-\sqrt{6}$ ○ $\sqrt{8}-\sqrt{6}$

3과 $\sqrt{8}$의 크기를 비교하자.

10 $\sqrt{2}+2$ ○ $\sqrt{2}+\sqrt{3}$

11 $\sqrt{15}+\sqrt{7}$ ○ $4+\sqrt{7}$

12 $5-\sqrt{8}$ ○ $\sqrt{21}-\sqrt{8}$

13 $-4+\sqrt{11}$ ○ $-3+\sqrt{11}$

14 $10-\sqrt{2}$ ○ $10-\sqrt{3}$

* 다음 두 실수의 대소 관계를 제곱근의 어림한 값을 이용하여 비교한 후, ○ 안에 >, < 중 알맞은 부등호를 쓰시오.

15 $\sqrt{8}+4$ ○ 6

▶ $\sqrt{8}=2.\cdots$이므로 $\sqrt{8}+4=6.\cdots$

$\therefore \sqrt{8}+4$ ○ 6

16 4 ○ $\sqrt{3}+3$

17 $\sqrt{13}+2$ ○ 5

18 1 ○ $\sqrt{3}-1$

19 $7-\sqrt{2}$ ○ 5

20 $6-\sqrt{14}$ ○ 3

ACT+ 10

필수 유형 훈련

스피드 정답 : 02쪽
친절한 풀이 : 14쪽

유형 1 $\sqrt{(a-b)^2}$ 꼴을 포함한 식 간단히 하기

$$\sqrt{(a-b)^2}=|a-b|=\begin{cases} a\geq b\text{일 때} \Rightarrow a-b\geq 0 \Rightarrow \sqrt{(a-b)^2}=a-b \\ a<b\text{일 때} \Rightarrow a-b<0 \Rightarrow \sqrt{(a-b)^2}=-(a-b) \end{cases}$$

Skill

루트 안에 들어 있는 $a-b$가 양수이면 부호를 그대로, 음수이면 부호를 바꾸어서 꺼내야 하지!

➡ $\sqrt{(\text{양수})^2}=(\text{양수})$, $\sqrt{(\text{음수})^2}=-(\text{음수})$

식이 조금 복잡해졌지만, ACT03에서 배운 것과 같아.

* 주어진 조건에 맞게 식을 간단히 하시오.

01 $\sqrt{(x-2)^2}=\begin{cases} x\geq 2\text{일 때}, & \square \\ x<2\text{일 때}, & \square \end{cases}$

▶ $x\geq 2 \Rightarrow x-2$ ○ 0

$\Rightarrow \sqrt{(x-2)^2}=\square$

$x<2 \Rightarrow x-2$ ○ 0

$\Rightarrow \sqrt{(x-2)^2}=\square$

02 $\sqrt{(x+7)^2}=\begin{cases} x\geq -7\text{일 때}, & \square \\ x<-7\text{일 때}, & \square \end{cases}$

03 $-\sqrt{(x+11)^2}=\begin{cases} x\geq -11\text{일 때}, & \square \\ x<-11\text{일 때}, & \square \end{cases}$

04 $-\sqrt{(a-b)^2}=\begin{cases} a\geq b\text{일 때}, & \square \\ a<b\text{일 때}, & \square \end{cases}$

05 $0<a<1$일 때, 다음 식을 간단히 하시오.

(1) $\sqrt{(1-a)^2}$

▶ $1-a$ ○ $0 \Rightarrow \sqrt{(1-a)^2}=\square$

(2) $-\sqrt{(1-a)^2}$

(3) $\sqrt{(a-1)^2}$

▶ $a-1$ ○ $0 \Rightarrow \sqrt{(a-1)^2}=\square$

(4) $-\sqrt{(a-1)^2}$

06 $0<x<4$일 때, 다음 식을 간단히 하시오.

(1) $\sqrt{x^2}+\sqrt{(x-4)^2}$

(2) $\sqrt{(4-x)^2}-\sqrt{(-x)^2}$

07 $3<x<8$일 때, $\sqrt{(x-3)^2}-\sqrt{(8-x)^2}$을 간단히 하시오.

유형 2 제곱근을 포함하는 부등식

$a>0$, $b>0$일 때,

- $a<\sqrt{x}<b \Rightarrow a^2<x<b^2$
- $-a<-\sqrt{x}<-b \Rightarrow a>\sqrt{x}>b$
$\Rightarrow a^2>x>b^2$

Skill

양수일 때는 각 변을 제곱해도 부등호의 방향이 바뀌지 않아! 음수이면 부등호가 뒤집어지지.

08 다음 부등식을 만족시키는 자연수 x의 값을 모두 구하시오.

(1) $2<\sqrt{x}<3$

(2) $3<\sqrt{4x}\le 5$

(3) $1\le\sqrt{\frac{x}{2}}<2$

(4) $-2<-\sqrt{x}<-1$

(5) $2<\sqrt{x+3}<3$

09 $1\le\sqrt{5n-4}<7$을 만족시키는 자연수 n의 개수는?

① 7개 ② 8개 ③ 9개
④ 10개 ⑤ 11개

유형 3 $\sqrt{x}$ 이하의 자연수 구하기

❶ 자연수 x와 가장 가까운 제곱인 수 2개를 찾는다.

❷ 부등식으로 x의 값의 범위를 나타낸다.

❸ ❷를 이용하여 $\sqrt{x}$ 의 값의 범위를 구한다.

Skill

$\sqrt{x}$ 가 대략 얼마인지 먼저 가늠해야 해. 자연수 부분이 몇인지를 알아보는 거지.

10 다음을 구하시오.

(1) $\sqrt{8}$ 이하의 자연수

▶ $\sqrt{4}<\sqrt{8}<\sqrt{\square} \Rightarrow \square<\sqrt{8}<\square$

$\sqrt{8}=\square.\cdots$이므로

$\sqrt{8}$ 이하의 자연수는 $\square$, $\square$이다.

(2) $\sqrt{12}$ 이하의 자연수

(3) $\sqrt{20}$ 이하의 자연수

11 자연수 x에 대하여 $\sqrt{x}$ 이하의 자연수의 개수를 $f(x)$라고 할 때, 다음을 구하시오.

(1) $f(30)$

(2) $f(1)+f(2)+\cdots+f(9)$

TEST 01

단원 평가

＊ 다음 수의 제곱근을 모두 구하시오. (01 ~ 03)

01 7

02 15

03 29

＊ 다음 값을 구하시오. (04 ~ 05)

04 $(\sqrt{5})^2$

05 $-(-\sqrt{3})^2$

06 다음 중 옳은 것은?

① $\sqrt{81}$은 ±9와 같다.
② $\sqrt{(-2)^2}=-2$이다.
③ 0의 제곱근은 없다.
④ 6의 음의 제곱근은 -6이다.
⑤ $(-8)^2$의 제곱근은 ±8이다.

＊ 다음 식을 간단히 하시오. (07 ~ 08)

07 $x<0$일 때, $\sqrt{x^2}$

08 $x>0$일 때, $-\sqrt{(6x)^2}$

＊ 다음을 계산하시오. (09 ~ 10)

09 $\sqrt{(-5)^2}-\sqrt{(-11)^2}$

10 $\sqrt{15^2}\div\sqrt{(-3)^2}$

스피드 정답 : 02쪽
친절한 풀이 : 15쪽

＊ **다음 식을 간단히 하시오. (11 ~ 12)**

11 $a>0$일 때, $\sqrt{(-5a)^2}-\sqrt{(3a)^2}$

12 $a<0$일 때, $-\sqrt{9a^2}+\sqrt{(-7a)^2}$

＊ **다음 수가 자연수가 되도록 하는 가장 작은 자연수 x의 값을 구하시오. (13 ~ 14)**

13 $\sqrt{90x}$

14 $\sqrt{23+x}$

＊ **다음 ○ 안에 $>$, $<$ 중 알맞은 부등호를 쓰시오. (15 ~ 16)**

15 $\sqrt{15}$ ○ $\sqrt{12}$

16 $-\sqrt{\frac{3}{8}}$ ○ $-\frac{1}{2}$

17 다음 중 무리수인 것은?

① 0.3 ② $\sqrt{9}$ ③ $5.\dot{7}$
④ $\sqrt{6.4}$ ⑤ $\sqrt{\frac{1}{400}}$

18 다음 그림과 같이 한 눈금의 길이가 1인 모눈종이 위에 수직선과 정사각형 ABCD를 그렸다. $\overline{CB}=\overline{CP}$, $\overline{CD}=\overline{CQ}$일 때, 두 점 P, Q에 대응하는 수를 각각 구하시오.

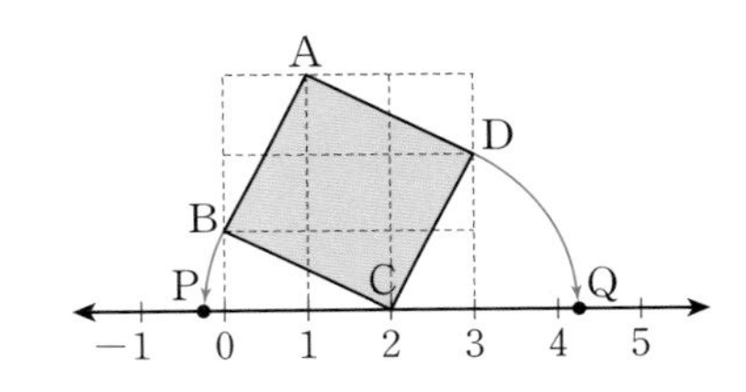

＊ **다음 ○ 안에 $>$, $<$ 중 알맞은 부등호를 쓰시오. (19 ~ 20)**

19 $-\sqrt{3}+\sqrt{27}$ ○ $-\sqrt{2}+\sqrt{27}$

20 1 ○ $\sqrt{6}-2$

쉬어 가기

스도쿠 게임

*** 게임 규칙**

❶ 모든 가로줄, 세로줄에 각 1에서 9까지의 숫자를 겹치지 않게 배열한다.

❷ 가로, 세로 3칸씩 이루어진 9칸의 격자 안에도 1에서 9까지의 숫자를 겹치지 않게 배열한다.

6		2		4		7		9
	8		6		1		4	
3		7		8		5		1
	6		9		3		5	
9		5				2		6
	2		7		6		9	
1		6		9		8		4
	5		8		4		1	
8		4		3		6		5

답

6	1	2	3	4	5	7	8	9
5	8	9	6	7	1	3	4	2
3	4	7	2	8	9	5	6	1
7	6	1	9	2	3	4	5	8
9	3	5	4	1	8	2	7	6
4	2	8	7	5	6	1	9	3
1	7	6	5	9	2	8	3	4
2	5	3	8	6	4	9	1	7
8	9	4	1	3	7	6	2	5

Chapter Ⅱ
제곱근을 포함한 식의 계산

keyword

제곱근의 곱셈과 나눗셈, 근호가 있는 식의 변형,
분모의 유리화, 제곱근의 덧셈과 뺄셈

VISUAL IDEA 3

근호를 포함한 식의 계산

Ⓥ 제곱근의 곱셈과 나눗셈

곱셈으로 연결된 무리수는
근호 안에 함께 들어갈 수 있다!

$\sqrt{a} \times \sqrt{b} = \sqrt{ab}$

$\sqrt{a} \div \sqrt{b} = \sqrt{a} \times \dfrac{1}{\sqrt{b}} = \sqrt{\dfrac{a}{b}}$

+, −로 연결되면 하나의
$\sqrt{\ }$ 안에 들어갈 수 없어.

$\sqrt{a} + \sqrt{b} \neq \sqrt{a+b}$

$\sqrt{a} - \sqrt{b} \neq \sqrt{a-b}$

Ⓥ 근호가 있는 식의 변형

근호 안의 수에 제곱인 인수가 있으면
근호 밖으로 꺼내 간단한 수로 나타낼 수 있다!

$a>0$일 때,

$\sqrt{\ }$와 제곱이 만나면
밖으로 탈출!

$$\sqrt{a^2} = a$$

$\sqrt{\ }$ 안으로 들어가려면
제곱을 달고!

▶ $a>0$, $b>0$일 때, $\sqrt{a^2b} = a\sqrt{b}$ (밖으로 / 안으로)

$a>0$, $b>0$일 때, $\sqrt{\dfrac{b}{a^2}} = \dfrac{\sqrt{b}}{a}$ (밖으로 / 안으로)

V 분모의 유리화

"분모에 근호가 있으면 제곱해서 없애자."

분수의 분모가 근호를 포함한 무리수이면 분모와 분자에 0이 아닌 같은 수를 곱해서 분모를 유리수로 고친다.

분수는 분모, 분자에 같은 수를 곱해도 크기가 변하지 않아.
이 성질을 이용해서 분모의 근호(루트)를 없애 보자.

분모를 유리수로 만들기 위해 분모에 있는 무리수를 제곱의 꼴로 만든다.

$$\frac{\sqrt{3}+\sqrt{2}}{\sqrt{5}}$$

$$=\frac{(\sqrt{3}+\sqrt{2})\times\sqrt{5}}{\sqrt{5}\times\sqrt{5}}$$

수의 크기가 변하지 않으려면 분모에 곱한 수를 분자에도 똑같이 곱해야 해!

$\sqrt{a}\times\sqrt{a}=(\sqrt{a})^2$

$(a+b)\times c=ac+bc$

$$=\frac{\sqrt{3}\times\sqrt{5}+\sqrt{2}\times\sqrt{5}}{(\sqrt{5})^2}$$

$(\sqrt{a})^2=a$

$\sqrt{a}\times\sqrt{b}=\sqrt{ab}$

$$=\frac{\sqrt{15}+\sqrt{10}}{5}$$

$a>0$, $b>0$, $c>0$일 때,

$$\frac{\sqrt{a}+\sqrt{b}}{\sqrt{c}}=\frac{(\sqrt{a}+\sqrt{b})\times\sqrt{c}}{\sqrt{c}\times\sqrt{c}}=\frac{\sqrt{ac}+\sqrt{bc}}{c}$$

음수는 근호 안으로 어떻게 들어갈까?

조건을 잘 살펴보세요. 근호 안으로 넣는 수는 항상 양수라는 조건이 있어요.
$a>0$, $b>0$일 경우에만 $a\sqrt{b}=\sqrt{a^2b}$ 으로 근호(루트) 안에 넣을 수 있으므로 음수일 때에는 음의 부호인 −를 근호 밖에 남겨 두어야 합니다.

$-3\sqrt{2}=\sqrt{(-3)^2\times2}=\sqrt{18}$ (×)　　$-3\sqrt{2}=-\sqrt{3^2\times2}=-\sqrt{18}$ (O)

ACT 11

제곱근의 곱셈

$a>0$, $b>0$이고 m, n이 유리수일 때, 제곱근의 곱셈은 근호 안의 수끼리, 근호 밖의 수끼리 곱한다.

$\sqrt{a}\times\sqrt{b}=\sqrt{a}\sqrt{b}=\sqrt{ab}$

예 $\sqrt{2}\times\sqrt{3}=\sqrt{2\times3}=\sqrt{6}$

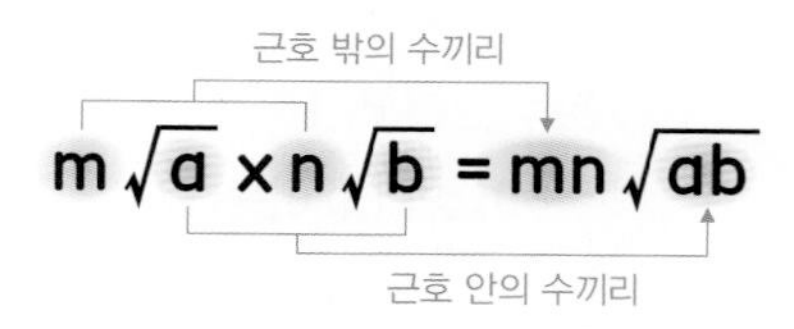

예 $2\sqrt{3}\times3\sqrt{5}=(2\times3)\times\sqrt{3\times5}=6\sqrt{15}$

* 다음 식을 간단히 하시오.

01 $\sqrt{2}\sqrt{5}=\sqrt{2\times\square}=\sqrt{\square}$

02 $\sqrt{3}\sqrt{2}$

03 $\sqrt{5}(-\sqrt{7})$

04 $\sqrt{2}\sqrt{18}$

05 $\sqrt{33}\times\sqrt{\dfrac{7}{11}}$

06 $\sqrt{2}\sqrt{11}\sqrt{3}=\sqrt{2\times\square\times\square}=\sqrt{\square}$

07 $\sqrt{10}\times\sqrt{\dfrac{3}{5}}\times\sqrt{5}$

08 $3\sqrt{2}\times2\sqrt{13}=(3\times\square)\times\sqrt{\square\times\square}$
$=\square\sqrt{\square}$

09 $3\times4\sqrt{5}$

10 $2\sqrt{3}\times5\sqrt{11}$

11 $4\sqrt{3}\times(-5\sqrt{7})$

12 $4\sqrt{5}\times2\sqrt{5}$

13 $4\sqrt{\dfrac{14}{5}}\times2\sqrt{\dfrac{15}{7}}$

14 $5\sqrt{0.4}\times(-3\sqrt{5})$

제곱근의 나눗셈

스피드 정답 : 02쪽
친절한 풀이 : 16쪽

$a>0$, $b>0$이고 m, n이 유리수일 때, 제곱근의 나눗셈은 근호 안의 수끼리, 근호 밖의 수끼리 나눈다.

$$\sqrt{a} \div \sqrt{b} = \frac{\sqrt{a}}{\sqrt{b}} = \sqrt{\frac{a}{b}}$$

예) $\sqrt{2} \div \sqrt{3} = \frac{\sqrt{2}}{\sqrt{3}} = \sqrt{\frac{2}{3}}$

근호 밖의 수끼리

$$m\sqrt{a} \div n\sqrt{b} = \frac{m}{n}\sqrt{\frac{a}{b}} \text{ (단, } n \neq 0\text{)}$$

근호 안의 수끼리

예) $2\sqrt{3} \div 3\sqrt{5} = \frac{2}{3}\sqrt{\frac{3}{5}}$

참고 분수의 나눗셈은 역수의 곱셈으로 고쳐서 계산한다.

* 다음 식을 간단히 하시오.

15 $\frac{\sqrt{14}}{\sqrt{2}} = \sqrt{\frac{\square}{2}} = \sqrt{\square}$

16 $\frac{\sqrt{18}}{\sqrt{3}}$

17 $-\frac{\sqrt{10}}{\sqrt{5}}$

18 $\sqrt{64} \div \sqrt{4}$

19 $\sqrt{91} \div \sqrt{7}$

20 $(-\sqrt{45}) \div \sqrt{3}$

21 $6\sqrt{75} \div 2\sqrt{5} = \frac{6}{\square}\sqrt{\frac{75}{\square}} = \square\sqrt{\square}$

22 $4\sqrt{105} \div \sqrt{5}$

23 $8\sqrt{34} \div (-4\sqrt{2})$

24 역수의 곱셈으로 고치자.

$\frac{\sqrt{6}}{\sqrt{3}} \div \frac{\sqrt{2}}{\sqrt{3}} = \frac{\sqrt{6}}{\sqrt{3}} \times \frac{\sqrt{\square}}{\sqrt{\square}}$

$= \sqrt{\frac{6}{3} \times \frac{\square}{\square}} = \sqrt{\square}$

25 $\frac{\sqrt{14}}{\sqrt{5}} \div \frac{\sqrt{7}}{\sqrt{15}}$

ACT 12

근호가 있는 식의 변형

스피드 정답 : 03쪽
친절한 풀이 : 17쪽

근호 밖의 수를 안으로 넣는 경우

$a>0$, $b>0$일 때, 근호 밖의 양수는 제곱하여 근호 안으로 넣는다.

$$a\sqrt{b}=\sqrt{a^2b}$$

근호 안으로

예 $2\sqrt{3}=\sqrt{2^2\times3}=\sqrt{12}$

$$\frac{\sqrt{a}}{b}=\sqrt{\frac{a}{b^2}}$$

근호 안으로

예 $\frac{\sqrt{2}}{3}=\sqrt{\frac{2}{3^2}}=\sqrt{\frac{2}{9}}$

근호 안의 수를 밖으로 꺼내는 경우

$a>0$, $b>0$일 때, 근호 안의 수를 소인수분해하여 제곱인 인수는 근호 밖으로 꺼낸다.

$$\sqrt{a^2b}=a\sqrt{b}$$

근호 밖으로

예 $\sqrt{12}=\sqrt{2^2\times3}=2\sqrt{3}$

$$\sqrt{\frac{a}{b^2}}=\frac{\sqrt{a}}{b}$$

근호 밖으로

예 $\sqrt{\frac{2}{9}}=\sqrt{\frac{2}{3^2}}=\frac{\sqrt{2}}{3}$

* 다음을 $\sqrt{a}$ 또는 $-\sqrt{a}$ 꼴로 나타내시오.

01 $4\sqrt{2}=\sqrt{4^2\times\square}=\sqrt{\square}$

02 $2\sqrt{5}$

03 $-3\sqrt{7}$

04 $8\sqrt{11}$

05 $-3\sqrt{5}$

06 $-5\sqrt{2}$

07 $\frac{\sqrt{5}}{2}=\sqrt{\frac{5}{\square^2}}=\sqrt{\frac{5}{\square}}$

08 $\frac{\sqrt{3}}{5}$

09 $-\frac{\sqrt{7}}{3}$

10 $-\frac{\sqrt{14}}{5}$

11 $\frac{\sqrt{7}}{6}$

* 다음을 $a\sqrt{b}$ 꼴로 나타내시오.

(단, b는 가장 작은 자연수)

12 $\sqrt{8}=\sqrt{\square^2\times 2}=\square\sqrt{2}$

근호 안의 수는 가장 작은 자연수가 되도록 하자.

13 $\sqrt{27}$

14 $-\sqrt{28}$

15 $\sqrt{50}$

16 $-\sqrt{147}$

17 $\sqrt{\dfrac{5}{16}}=\sqrt{\dfrac{5}{\square^2}}=\dfrac{\sqrt{5}}{\square}$

18 $\sqrt{\dfrac{7}{4}}$

19 $\sqrt{\dfrac{5}{9}}$

20 $\sqrt{\dfrac{33}{144}}$

21 $\sqrt{\dfrac{6}{27}}$

먼저 근호 안에 있는 수가 기약분수가 되도록 고쳐야 해.

22 $\sqrt{0.05}=\sqrt{\dfrac{5}{\square}}=\sqrt{\dfrac{5}{\square^2}}=\dfrac{\sqrt{5}}{\square}$

소수는 분수로 고쳐서 계산하자.

23 $\sqrt{0.37}$

시험에는 이렇게 나온대.

24 $\sqrt{250}=a\sqrt{10}$, $\sqrt{84}=2\sqrt{b}$를 만족시키는 두 유리수 a, b에 대하여 $b-a$의 값을 구하시오.

ACT 13

분모의 유리화

스피드 정답 : 03쪽
친절한 풀이 : 17쪽

분모의 유리화 : 분모가 근호가 있는 무리수일 때, 분모와 분자에 0이 아닌 같은 수를 곱하여 분모를 유리수로 고치는 것

분모를 유리화하는 방법

$a>0$이고 a, b, c가 유리수일 때

$$\frac{b}{\sqrt{a}}=\frac{b\times\sqrt{a}}{\sqrt{a}\times\sqrt{a}}=\frac{b\sqrt{a}}{a}$$

분모, 분자에 각각 $\sqrt{a}$를 곱한다.

예 $\frac{3}{\sqrt{2}}=\frac{3\times\sqrt{2}}{\sqrt{2}\times\sqrt{2}}=\frac{3\sqrt{2}}{2}$

$$\frac{\sqrt{b}}{\sqrt{a}}=\frac{\sqrt{b}\times\sqrt{a}}{\sqrt{a}\times\sqrt{a}}=\frac{\sqrt{ab}}{a}\ (\text{단, } b>0)$$

예 $\frac{\sqrt{3}}{\sqrt{2}}=\frac{\sqrt{3}\times\sqrt{2}}{\sqrt{2}\times\sqrt{2}}=\frac{\sqrt{6}}{2}$

$$\frac{c}{b\sqrt{a}}=\frac{c\times\sqrt{a}}{b\sqrt{a}\times\sqrt{a}}=\frac{c\sqrt{a}}{ab}\ (\text{단, } b\neq 0)$$

근호 부분인 $\sqrt{a}$를 분모, 분자에 각각 곱한다.

예 $\frac{4}{3\sqrt{2}}=\frac{4\times\sqrt{2}}{3\sqrt{2}\times\sqrt{2}}=\frac{4\sqrt{2}}{6}=\frac{2\sqrt{2}}{3}$

＊ 다음 수의 분모를 유리화하시오.

01 $\frac{4}{\sqrt{3}}=\frac{4\times\sqrt{\square}}{\sqrt{3}\times\sqrt{\square}}=\frac{4\sqrt{\square}}{\square}$

02 $\frac{1}{\sqrt{2}}$

03 $\frac{6}{\sqrt{5}}$

04 $-\frac{5}{\sqrt{7}}$

05 $\frac{\sqrt{2}}{\sqrt{3}}=\frac{\sqrt{2}\times\sqrt{\square}}{\sqrt{3}\times\sqrt{\square}}=\frac{\sqrt{\square}}{\square}$

06 $\frac{\sqrt{5}}{\sqrt{2}}$

07 $-\frac{\sqrt{3}}{\sqrt{7}}$

08 $\frac{\sqrt{11}}{\sqrt{5}}$

09 $-\frac{\sqrt{10}}{\sqrt{11}}$

10 $\frac{3}{2\sqrt{3}}=\frac{3\times\sqrt{\square}}{2\sqrt{3}\times\sqrt{\square}}=\frac{3\sqrt{\square}}{\square}=\frac{\sqrt{\square}}{\square}$

약분이 되면 약분해서
간단히 나타내자.

11 $\frac{1}{3\sqrt{5}}$

12 $\frac{2}{5\sqrt{7}}$

13 $\frac{\sqrt{11}}{9\sqrt{2}}$

14 $\frac{\sqrt{5}}{7\sqrt{3}}$

15 $\frac{\sqrt{2}}{\sqrt{3}\sqrt{7}}$

16 $\frac{\sqrt{7}}{\sqrt{2}\sqrt{5}}$

17 $\frac{2}{\sqrt{12}}=\frac{2}{\square\sqrt{3}}=\frac{\square}{\sqrt{3}}=\frac{\sqrt{\square}}{\square}$

먼저 분모를
$a\sqrt{b}$ 꼴로 고치자!

18 $\frac{1}{\sqrt{8}}$

19 $\frac{13}{\sqrt{20}}$

20 $-\frac{3}{\sqrt{24}}$

21 $\frac{\sqrt{5}}{\sqrt{54}}$

시험에는 이렇게 나온대.

22 $\frac{3}{6\sqrt{3}}=a\sqrt{3}$, $\frac{7}{\sqrt{6}}=b\sqrt{6}$일 때, 유리수 a, b에 대하여 $a+b$의 값은?

① $\frac{1}{6}$ ② $\frac{1}{3}$ ③ $\frac{1}{2}$
④ $\frac{2}{3}$ ⑤ $\frac{4}{3}$

ACT 14 제곱근의 곱셈과 나눗셈

스피드 정답 : 03쪽
친절한 풀이 : 18쪽

제곱근의 곱셈과 나눗셈

- 근호 안의 수를 소인수분해하여 제곱인 인수는 근호 밖으로 꺼내어 계산한다.
- 계산 결과가 분수 꼴이면 분모를 유리화하여 나타낸다.

제곱근의 곱셈과 나눗셈의 혼합 계산

- 유리수에서와 같이 앞에서부터 차례대로 계산한다.
- 나눗셈은 역수의 곱셈으로 고친다.
- 근호 안의 수는 근호 안의 수끼리, 근호 밖의 수는 근호 밖의 수끼리 계산한다.
- 제곱근의 성질과 분모의 유리화를 이용한다.

$$2\sqrt{5}\times\sqrt{3}\div\sqrt{2}=2\sqrt{5}\times\sqrt{3}\times\frac{1}{\sqrt{2}}=2\sqrt{5\times3\times\frac{1}{2}}=\frac{2\sqrt{15}}{\sqrt{2}}=\frac{2\sqrt{30}}{2}=\sqrt{30}$$

나눗셈을 곱셈으로

분모의 유리화

* 다음 식을 간단히 하시오.

01 $\sqrt{12}\times3\sqrt{2}=2\sqrt{\square}\times3\sqrt{2}=\square\sqrt{\square}$

02 $2\sqrt{2}\times\sqrt{24}$

03 $\sqrt{21}\times\sqrt{35}$

04 $\sqrt{6}\times\sqrt{\frac{5}{18}}$

05 $\sqrt{\frac{5}{3}}\times\sqrt{\frac{2}{5}}$

06 $2\sqrt{\frac{2}{3}}\times\sqrt{\frac{3}{5}}$

07 $\sqrt{20}\div\sqrt{5}=\frac{\sqrt{20}}{\sqrt{5}}=\frac{\square\sqrt{\square}}{\sqrt{\square}}=\square$

08 $\sqrt{3}\div\sqrt{18}$

09 $\sqrt{32}\div2\sqrt{12}$

10 $\sqrt{2}\div\frac{\sqrt{3}}{\sqrt{5}}$

11 $8\sqrt{\frac{2}{9}} \div \sqrt{\frac{4}{3}}$

12 $\frac{\sqrt{2}}{\sqrt{3}} \div \sqrt{6}$

13 $6\sqrt{\frac{9}{2}} \div 3\sqrt{\frac{9}{5}}$

14 $\sqrt{8} \div \sqrt{3} \times \sqrt{44}$

$=2\sqrt{\square} \times \frac{1}{\sqrt{\square}} \times 2\sqrt{11}$

$=(2\times\square)\times\sqrt{\square\times\frac{1}{\square}\times 11}$

$=4\sqrt{\frac{\square}{\square}}=\frac{4\sqrt{\square}}{\sqrt{\square}}=\frac{4\sqrt{\square}}{\square}$

15 $\sqrt{3} \div \sqrt{6} \times \sqrt{5}$

16 $6\sqrt{2} \div 3\sqrt{3} \times \sqrt{5}$

17 $\sqrt{10} \times \sqrt{\frac{3}{10}} \div \sqrt{5}$

18 $2\sqrt{3} \times \sqrt{2} \div (-2\sqrt{2})$

19 $\frac{4\sqrt{3}}{\sqrt{11}} \times \sqrt{33} \div \frac{\sqrt{2}}{\sqrt{3}}$

20 $\sqrt{24} \div \sqrt{8} \times \sqrt{2}$

21 $\frac{\sqrt{2}}{\sqrt{15}} \div \frac{\sqrt{5}}{3} \times \frac{\sqrt{10}}{\sqrt{2}}$

22 $(-\sqrt{18}) \div \frac{\sqrt{21}}{\sqrt{3}} \times \sqrt{\frac{7}{2}}$

시험에는 이렇게 나온대.

23 $\sqrt{\frac{2}{9}} \times \sqrt{27} \div \sqrt{12}$를 계산하면?

① $\frac{\sqrt{2}}{6}$　② $\frac{\sqrt{2}}{2}$　③ $\frac{\sqrt{3}}{6}$

④ $\frac{\sqrt{6}}{6}$　⑤ $2\sqrt{3}$

ACT+ 15

필수 유형 훈련

스피드 정답 : 03쪽
친절한 풀이 : 19쪽

유형 1 제곱근표에 없는 제곱근의 값 구하기

근호 안의 수를 제곱근표에 있는 수로 바꾸어 구한다.

- 근호 안이 100보다 큰 수일 때 ➡ $\sqrt{100a}=10\sqrt{a}$, $\sqrt{10000a}=100\sqrt{a}$, …임을 이용한다. ($a$는 제곱근표에 있는 수)
- 근호 안이 0과 1 사이의 수일 때 ➡ $\sqrt{\frac{a}{100}}=\frac{\sqrt{a}}{10}$, $\sqrt{\frac{a}{10000}}=\frac{\sqrt{a}}{100}$, …임을 이용한다.

Skill

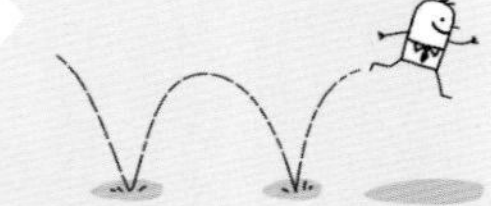

100보다 크면 소수점을 왼쪽으로 두 자리씩 옮기고, 1보다 작으면 소수점을 오른쪽으로 두 자리씩 옮기는 거야!

$\sqrt{500}$ ➡ $\sqrt{100\times5}=10\sqrt{5}$, $\sqrt{0.05}$ ➡ $\sqrt{\frac{5}{100}}=\frac{\sqrt{5}}{10}$

01 $\sqrt{3}=1.732$, $\sqrt{30}=5.477$일 때, 다음 제곱근의 값을 구하시오.

(1) $\sqrt{30000}$

(2) $\sqrt{3000}$

(3) $\sqrt{0.03}$

(4) $\sqrt{0.003}$

02 $\sqrt{1.3}=1.140$, $\sqrt{13}=3.606$일 때, 다음 제곱근의 값을 구하시오.

(1) $\sqrt{1300}$

(2) $\sqrt{130}$

(3) $\sqrt{0.13}$

(4) $\sqrt{0.013}$

03 $\sqrt{2}=1.414$, $\sqrt{20}=4.472$일 때, 다음 중 옳은 것은?

① $\sqrt{0.002}=0.4472$ ② $\sqrt{0.2}=0.1414$
③ $\sqrt{200}=44.72$ ④ $\sqrt{2000}=141.4$
⑤ $\sqrt{20000}=141.4$

04 다음 중 $\sqrt{4.5}=2.121$임을 이용하여 그 값을 구할 수 없는 것은?

① $\sqrt{45000}$ ② $\sqrt{4500}$ ③ $\sqrt{450}$
④ $\sqrt{0.045}$ ⑤ $\sqrt{0.00045}$

05 다음 중 주어진 제곱근표를 이용하여 그 값을 구할 수 없는 것은?

수	0	1	2	3	4
5.5	2.345	2.347	2.349	2.352	2.354
5.7	2.387	2.390	2.392	2.394	2.396
5.9	2.429	2.431	2.433	2.435	2.437

① $\sqrt{55200}$ ② $\sqrt{590}$ ③ $\sqrt{571}$
④ $\sqrt{0.0592}$ ⑤ $\sqrt{0.00554}$

유형 2 문자를 사용하여 제곱근 표현하기

❶ 근호 안의 수를 소인수분해한다.
이때 제곱인 인수는 근호 밖으로 꺼낸다.
❷ 근호를 분리한다.
❸ 주어진 문자를 사용하여 나타낸다.

Skill 
일단 소인수분해부터!
무리수 부분을 주어진 무리수로만
나타내야 하는 거야.

06 $\sqrt{2}=a$, $\sqrt{3}=b$일 때, 다음을 a, b를 사용하여 나타내시오.

(1) $\sqrt{12}$

(2) $\sqrt{24}$

(3) $\sqrt{300}$

(4) $\sqrt{450}$

07 $\sqrt{2}=A$, $\sqrt{5}=B$일 때, $\sqrt{45}-\sqrt{98}$을 A, B를 사용하여 나타내면?

① $3A-7B$ ② $7A-3B$ ③ $3B-7A$
④ $7B-3A$ ⑤ $B-7A$

08 $\sqrt{2.3}=X$, $\sqrt{23}=Y$일 때, $\sqrt{230}-\sqrt{0.23}$을 X, Y를 사용하여 나타내시오.

유형 3 제곱근의 곱셈, 나눗셈을 도형에 활용하기

도형의 변이나 모서리의 길이가 무리수인 경우
❶ 넓이, 부피를 구하는 공식을 이용하여 식을 세운다.
❷ 제곱근의 곱셈, 나눗셈을 계산한다.
이때 계산 결과의 분모가 근호를 포함한 무리수이면 분모를 유리화한다.

09 다음 그림과 같이 직사각형 ABCD에서 $\overline{AB}$, $\overline{BC}$를 각각 한 변으로 하는 정사각형을 그렸더니 그 넓이가 각각 40, 18이 되었다. 이때 직사각형 ABCD의 넓이를 구하시오.

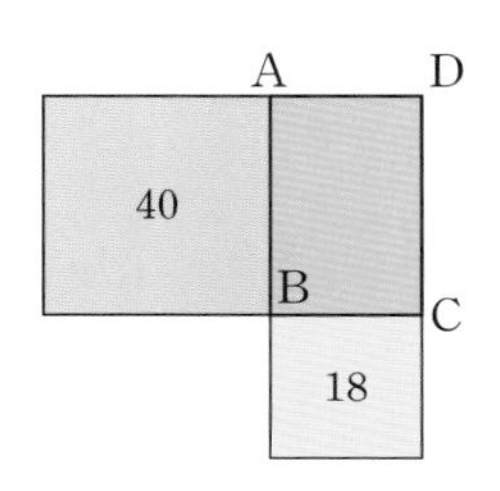

10 오른쪽 그림과 같이 밑면의 반지름의 길이가 $2\sqrt{5}$ cm인 원뿔의 부피가 $20\sqrt{6}\pi$ cm^3일 때, 이 원뿔의 높이를 구하시오.

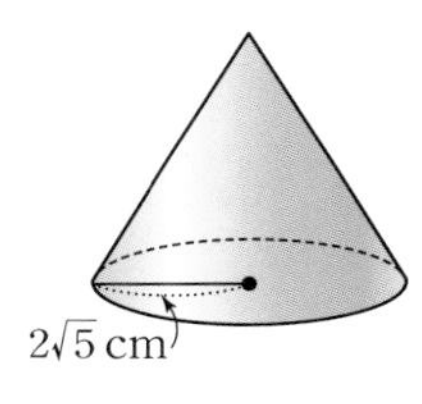

11 다음 그림의 삼각형과 직사각형의 넓이가 서로 같을 때, 삼각형의 밑변의 길이 x의 값을 구하시오.

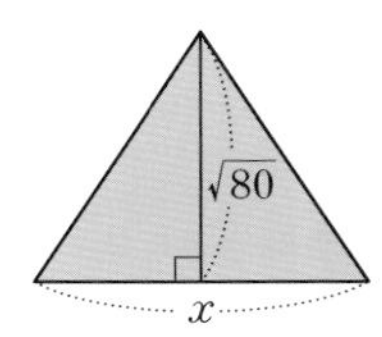

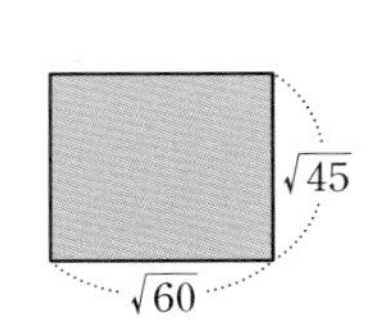

ACT 16

제곱근의 덧셈과 뺄셈 1

스피드 정답 : 03쪽
친절한 풀이 : 20쪽

근호 안의 수가 같은 것을 동류항으로 보고, 다항식의 덧셈, 뺄셈과 같은 방법으로 계산한다.

m, n은 유리수이고 $a>0$일 때, 근호 안의 수가 같은 것끼리 모아서 계산한다.

$$m\sqrt{a}+n\sqrt{a}=(m+n)\sqrt{a}$$

예 $2\sqrt{2}+3\sqrt{2}=(2+3)\sqrt{2}=5\sqrt{2}$

$$m\sqrt{a}-n\sqrt{a}=(m-n)\sqrt{a}$$

예 $5\sqrt{2}-2\sqrt{2}=(5-2)\sqrt{2}=3\sqrt{2}$

주의
- 근호 안의 수가 $\sqrt{a^2b}$ 꼴인 경우 $a\sqrt{b}$ 꼴로 고쳐서 계산한다.
- 근호 안의 수가 다른 무리수끼리는 더 이상 계산할 수 없다.

➡ $a>0$, $b>0$, $a\neq b$일 때,
$\sqrt{a}+\sqrt{b}\neq\sqrt{a+b}$, $\sqrt{a}-\sqrt{b}\neq\sqrt{a-b}$

*** 다음 식을 간단히 하시오.**

01 $5\sqrt{5}+2\sqrt{5}=(5+\square)\sqrt{5}=\square\sqrt{5}$

02 $3\sqrt{3}+5\sqrt{3}$

03 $6\sqrt{2}+\sqrt{2}$

04 $\dfrac{\sqrt{7}}{3}+\dfrac{2\sqrt{7}}{9}$

05 $4\sqrt{2}+2\sqrt{2}+3\sqrt{2}$

l, m, n이 유리수이고 $a>0$일 때,
$l\sqrt{a}+m\sqrt{a}+n\sqrt{a}=(l+m+n)\sqrt{a}$

06 $9\sqrt{5}+\sqrt{5}+2\sqrt{5}$

07 $4\sqrt{2}-\sqrt{2}=(4-\square)\sqrt{\square}=\square\sqrt{\square}$

08 $\sqrt{7}-5\sqrt{7}$

09 $\sqrt{5}-\dfrac{\sqrt{5}}{3}$

10 $\dfrac{\sqrt{10}}{5}-\dfrac{3\sqrt{10}}{2}$

11 $4\sqrt{3}-\sqrt{3}-\sqrt{3}$

12 $4\sqrt{6}-\sqrt{6}-5\sqrt{6}$

13 $\sqrt{8}+\sqrt{18}=2\sqrt{\square}+3\sqrt{\square}$
$=(\square+\square)\sqrt{\square}$
$=\square\sqrt{\square}$

14 $\sqrt{2}+\sqrt{32}$

15 $\sqrt{48}+\sqrt{75}$

16 $\sqrt{32}-\sqrt{8}=\square\sqrt{2}-2\sqrt{\square}$
$=(\square-2)\sqrt{\square}$
$=\square\sqrt{\square}$

17 $\sqrt{45}-\sqrt{5}$

18 $\sqrt{28}-\sqrt{63}$

19 $\sqrt{600}-\sqrt{150}$

20 $\sqrt{18}+\sqrt{2}-\sqrt{72}=\square\sqrt{2}+\sqrt{2}-\square\sqrt{2}$
$=(\square+\square-\square)\sqrt{2}$
$=\square\sqrt{\square}$

21 $\sqrt{7}+4\sqrt{7}-8\sqrt{7}$

22 $\sqrt{27}-\sqrt{12}+\sqrt{75}$

23 $2\sqrt{2}+3\sqrt{5}-3\sqrt{2}-\sqrt{5}$

$\sqrt{\ }$ 안의 수가 같은 것끼리 계산하자.

24 $\sqrt{40}+\sqrt{24}+\sqrt{90}-\sqrt{54}$

시험에는 이렇게 나온대.

25 다음 중 옳지 않은 것은?

① $\sqrt{6}+2\sqrt{6}=3\sqrt{6}$
② $\sqrt{8}+\sqrt{50}+\sqrt{32}=11\sqrt{2}$
③ $5\sqrt{5}-2\sqrt{5}-2\sqrt{5}=\sqrt{5}$
④ $6\sqrt{3}-2\sqrt{3}=4\sqrt{3}$
⑤ $3\sqrt{5}+\sqrt{5}-6\sqrt{5}=2\sqrt{5}$

ACT 17

제곱근의 덧셈과 뺄셈 2

스피드 정답 : 04쪽
친절한 풀이 : 20쪽

분모의 유리화를 이용한 제곱근의 덧셈과 뺄셈

- 근호 안의 수를 소인수분해하여 제곱인 인수는 근호 밖으로 빼낸다.
- 분모에 무리수가 있으면 분모를 유리화한다.
- 근호 안의 수가 같은 것끼리 모아서 계산한다.

제곱인 인수 꺼내기

$$\underset{3^2\times 3}{\sqrt{27}}-\frac{6}{\sqrt{3}}=3\sqrt{3}-\frac{6\sqrt{3}}{3}=3\sqrt{3}-2\sqrt{3}=\sqrt{3}$$

분모의 유리화

* 다음 식을 간단히 하시오.

01 $\dfrac{8}{\sqrt{2}}+3\sqrt{2}=\dfrac{8\sqrt{\square}}{\square}+3\sqrt{2}$

$=\square\sqrt{2}+3\sqrt{2}=\square\sqrt{2}$

분모를 유리화하자!

02 $\sqrt{5}+\dfrac{2}{\sqrt{5}}$

03 $\dfrac{\sqrt{2}}{\sqrt{3}}+\sqrt{6}$

04 $\dfrac{\sqrt{7}}{2}+\dfrac{4}{\sqrt{7}}$

05 $\dfrac{1}{\sqrt{3}}-\sqrt{48}$

제곱인 인수를 꺼내자!

06 $\dfrac{1}{\sqrt{5}}-\dfrac{3\sqrt{5}}{5}$

07 $\dfrac{1}{\sqrt{40}}-\dfrac{\sqrt{5}}{6\sqrt{2}}$

08 $\dfrac{3}{\sqrt{54}}+\dfrac{2\sqrt{3}}{\sqrt{2}}$

09 $\dfrac{3}{\sqrt{7}}-\dfrac{2}{\sqrt{28}}$

10 $\dfrac{4}{\sqrt{6}}+2\sqrt{24}$

11 $\dfrac{20}{\sqrt{6}}-\dfrac{4\sqrt{32}}{\sqrt{3}}$

12 $\frac{1}{\sqrt{3}}+\sqrt{12}-\sqrt{243}$

$=\frac{\sqrt{\square}}{3}+2\sqrt{\square}-9\sqrt{\square}$

$=\left(\frac{1}{\square}+\square-\square\right)\sqrt{\square}$

$=-\frac{\square\sqrt{\square}}{3}$

13 $\sqrt{5}-\sqrt{20}-\frac{5}{\sqrt{5}}$

14 $\sqrt{\frac{7}{4}}+\sqrt{28}-\frac{14}{\sqrt{7}}$

15 $\frac{18}{\sqrt{6}}-\frac{1}{2\sqrt{6}}-\sqrt{54}$

16 $\frac{\sqrt{24}}{3}+\frac{\sqrt{2}}{\sqrt{27}}-\sqrt{6}$

17 $\sqrt{63}+\sqrt{8}-\frac{7}{\sqrt{7}}-\frac{8}{\sqrt{2}}$

18 $\frac{12}{\sqrt{6}}-\sqrt{3}+\sqrt{96}+\frac{9}{\sqrt{3}}$

19 $\sqrt{50}+\frac{10}{\sqrt{2}}-\frac{2}{\sqrt{10}}+\sqrt{90}$

20 $\sqrt{7}-\frac{1}{\sqrt{3}}+3\sqrt{7}+\frac{5}{\sqrt{3}}$

21 $\sqrt{80}-\frac{11}{\sqrt{11}}-\frac{5}{\sqrt{20}}+\frac{7}{\sqrt{7}}$

시험에는 이렇게 나온대.

22 $\sqrt{10}+\frac{3\sqrt{2}}{\sqrt{5}}-\sqrt{60}+7\sqrt{15}=a\sqrt{10}+b\sqrt{15}$일 때, 유리수 a, b에 대하여 ab의 값을 구하시오.

ACT 18

근호가 있는 식의 분배법칙

스피드 정답 : 04쪽
친절한 풀이 : 21쪽

근호가 있는 식의 분배법칙

$a>0$, $b>0$, $c>0$일 때

$$\sqrt{a}(\sqrt{b}\pm\sqrt{c})=\sqrt{a}\sqrt{b}\pm\sqrt{a}\sqrt{c}=\sqrt{ab}\pm\sqrt{ac}\ (\text{복호동순})$$

$$(\sqrt{a}\pm\sqrt{b})\div\sqrt{c}=\frac{\sqrt{a}\pm\sqrt{b}}{\sqrt{c}}=\frac{\sqrt{a}}{\sqrt{c}}\pm\frac{\sqrt{b}}{\sqrt{c}}\ (\text{복호동순})$$

분모가 1개의 항으로 되어 있는 분수의 분모의 유리화

$a>0$, $b>0$, $c>0$일 때

$$\frac{\sqrt{a}\pm\sqrt{b}}{\sqrt{c}}=\frac{(\sqrt{a}\pm\sqrt{b})\times\sqrt{c}}{\sqrt{c}\times\sqrt{c}}=\frac{\sqrt{a}\sqrt{c}\pm\sqrt{b}\sqrt{c}}{(\sqrt{c})^2}=\frac{\sqrt{ac}\pm\sqrt{bc}}{c}\ (\text{복호동순})$$

분모, 분자에 각각 $\sqrt{c}$를 곱한다.

* 다음 식을 간단히 하시오.

01 $\sqrt{2}(\sqrt{3}+\sqrt{5})=\sqrt{\square}\times\sqrt{3}+\sqrt{\square}\times\sqrt{5}$
$=\sqrt{\square}+\sqrt{\square}$

02 $-\sqrt{2}(\sqrt{2}+\sqrt{6})$

03 $\sqrt{5}(2\sqrt{5}+\sqrt{11})$

04 $(\sqrt{6}+\sqrt{7})\sqrt{3}$

05 $(2\sqrt{5}+\sqrt{32})\sqrt{2}$

06 $\sqrt{3}(\sqrt{7}-\sqrt{5})=\sqrt{\square}\times\sqrt{7}-\sqrt{\square}\times\sqrt{5}$
$=\sqrt{\square}-\sqrt{\square}$

07 $(\sqrt{2}-\sqrt{5})\sqrt{5}$

08 $(\sqrt{8}-\sqrt{12})\sqrt{3}$

09 $-4\sqrt{6}(\sqrt{2}-\sqrt{3})$

10 $(2\sqrt{15}-3\sqrt{10})\sqrt{6}$

11 $(\sqrt{6}+\sqrt{12})\div\sqrt{2}=\frac{\sqrt{6}+\sqrt{12}}{\sqrt{\square}}=\frac{\sqrt{6}^{3}}{\sqrt{2}}+\frac{\sqrt{12}^{6}}{\sqrt{2}}$

$=\sqrt{\square}+\sqrt{\square}$

12 $(\sqrt{10}+\sqrt{30})\div\sqrt{5}$

13 $(3\sqrt{35}+\sqrt{21})\div\sqrt{7}$

14 $(8\sqrt{10}+6\sqrt{2})\div\sqrt{8}$

15 $(\sqrt{10}-\sqrt{5})\div\sqrt{5}=\frac{\sqrt{10}-\sqrt{5}}{\sqrt{\square}}=\frac{\sqrt{10}^{2}}{\sqrt{5}}-\frac{\sqrt{5}^{1}}{\sqrt{5}}$

$=\sqrt{\square}-\square$

16 $(\sqrt{2}-\sqrt{6})\div\sqrt{2}$

17 $(6\sqrt{42}-\sqrt{14})\div\sqrt{7}$

*** 다음 수의 분모를 유리화하시오.**

18 $\frac{\sqrt{2}+\sqrt{3}}{\sqrt{5}}=\frac{(\sqrt{2}+\sqrt{3})\times\sqrt{\square}}{\sqrt{5}\times\sqrt{\square}}$

$=\frac{\sqrt{\square}+\sqrt{\square}}{\square}$

19 $\frac{3+\sqrt{3}}{\sqrt{15}}$

20 $\frac{2\sqrt{3}+\sqrt{7}}{\sqrt{2}}$

21 $\frac{\sqrt{15}-\sqrt{2}}{\sqrt{3}}$

22 $\frac{3\sqrt{6}+2\sqrt{3}}{\sqrt{8}}$

23 $\frac{2\sqrt{10}-3\sqrt{3}}{\sqrt{12}}$

ACT 19

근호를 포함한 복잡한 식의 계산

스피드 정답 : 04쪽
친절한 풀이 : 22쪽

근호를 포함한 복잡한 식의 계산

❶ 괄호가 있으면 분배법칙을 이용하여 괄호를 푼다.
❷ $\sqrt{a^2b}$ 꼴은 $a\sqrt{b}$ 꼴로 고친다.
❸ 분모에 무리수가 있으면 분모를 유리화한다.
❹ 곱셈, 나눗셈을 먼저 계산한 후 덧셈, 뺄셈을 계산한다.

예 $8\div\sqrt{2}+\sqrt{2}(\sqrt{6}-3)$
$=\dfrac{8}{\sqrt{2}}+\sqrt{12}-3\sqrt{2}$ ← 괄호 풀기, ÷ 계산
$=\dfrac{8}{\sqrt{2}}+2\sqrt{3}-3\sqrt{2}$ ← $a\sqrt{b}$ 꼴로 고치기
$=4\sqrt{2}+2\sqrt{3}-3\sqrt{2}$ ← 분모의 유리화
$=\sqrt{2}+2\sqrt{3}$ ← +, − 계산

유리수가 될 조건

a, b가 유리수이고 $\sqrt{m}$이 무리수일 때
- $a\sqrt{m}$이 유리수가 될 조건 : $a=0$
- $a+b\sqrt{m}$이 유리수가 될 조건 : $b=0$

* 다음 식을 간단히 하시오.

01 $\sqrt{3}\times\sqrt{5}+2\sqrt{15}=\sqrt{\square}+2\sqrt{15}$
$=\square\sqrt{\square}$

02 $\sqrt{15}\times\sqrt{3}-\sqrt{30}\div\sqrt{6}$

03 $\dfrac{3}{\sqrt{3}}\times\sqrt{8}-\sqrt{6}$

04 $\sqrt{12}\times\dfrac{5}{\sqrt{8}}+\sqrt{32}\div\dfrac{\sqrt{12}}{2}$

05 $2\sqrt{2}(\sqrt{3}+\sqrt{7})+\sqrt{2}(\sqrt{7}-3\sqrt{3})$
$=2\sqrt{6}+2\sqrt{14}+\sqrt{14}-3\sqrt{6}$
$=-\sqrt{\square}+\square\sqrt{\square}$

06 $\sqrt{5}(\sqrt{3}+\sqrt{15})+\sqrt{3}(2\sqrt{5}-5)$

07 $\sqrt{7}(4\sqrt{2}-\sqrt{21})-\sqrt{2}(3\sqrt{6}+\sqrt{7})$

08 $2\sqrt{6}(3+\sqrt{12})+\sqrt{3}(\sqrt{2}-6\sqrt{6})$

09 $4\sqrt{2}\left(\frac{1}{\sqrt{2}}+2\right)-3\sqrt{5}\left(\sqrt{10}-\frac{2}{\sqrt{5}}\right)$

10 $(\sqrt{27}-5\sqrt{2})\div\sqrt{3}-\sqrt{2}\left(\sqrt{3}+\frac{1}{\sqrt{2}}\right)$

11 $(\sqrt{28}+\sqrt{42})\div\sqrt{7}+(\sqrt{20}-\sqrt{30})\div\sqrt{5}$

12 $\frac{4-2\sqrt{2}}{\sqrt{3}}+\frac{\sqrt{2}+3}{\sqrt{6}}$

13 $\frac{\sqrt{28}-\sqrt{2}}{\sqrt{7}}-\frac{\sqrt{18}+\sqrt{7}}{\sqrt{2}}$

14 $\sqrt{5}\left(\frac{1}{\sqrt{5}}+\sqrt{20}\right)+\left(\frac{\sqrt{6}}{2}-\sqrt{24}\right)\div\sqrt{6}$

15 $\left(\frac{1}{\sqrt{2}}-8\right)\div\sqrt{8}-\sqrt{3}\left(\frac{1}{\sqrt{12}}-\frac{1}{\sqrt{6}}\right)$

＊ 다음 수가 유리수가 되도록 하는 유리수 a의 값을 구하시오.

16 $3+a\sqrt{5}$

17 $a-3+5a\sqrt{3}$

＊ 다음 식의 계산 결과가 유리수가 되도록 하는 유리수 a의 값을 구하시오.

18 $8\sqrt{5}-a\sqrt{5}-4-6\sqrt{5}$

$=(8-a-6)\sqrt{5}-4$

$=(2-a)\sqrt{\square}-\square$

위 식이 유리수가 되려면

$2-a=\square \qquad \therefore a=\square$

19 $2\sqrt{7}-\sqrt{7}-2+a\sqrt{7}$

20 $2(1-\sqrt{2})+5a-a\sqrt{2}$

21 $6a-a\sqrt{10}+\sqrt{10}(1-\sqrt{10})$

ACT 20

무리수의 정수 부분과 소수 부분

- 무리수는 순환하지 않는 무한소수이므로

(무리수)=(정수 부분)+(소수 부분)으로 나타낼 수 있다. (단, $0<$(소수 부분)<1)

- 무리수의 소수 부분은 무리수에서 정수 부분을 뺀 식으로 나타낸다.

즉, 무리수 $\sqrt{a}$의 소수 부분 ➡ $\sqrt{a}-$($\sqrt{a}$의 정수 부분)

예 • $\sqrt{2}$의 정수 부분과 소수 부분

$\sqrt{2}=1.414\cdots$이므로 정수 부분 : 1, 소수 부분 : $\sqrt{2}-1$

• $\sqrt{2}+4$의 정수 부분과 소수 부분

$1<\sqrt{2}<2$이므로 $1+4<\sqrt{2}+4<2+4$, 즉 $5<\sqrt{2}+4<6$

따라서 정수 부분 : 5, 소수 부분 : $(\sqrt{2}+4)-5=\sqrt{2}-1$

＊ 다음 수의 정수 부분과 소수 부분을 각각 구하시오.

01 $\sqrt{5}$

정수 부분 :

소수 부분 :

02 $\sqrt{29}$

정수 부분 :

소수 부분 :

03 $\sqrt{55}$

정수 부분 :

소수 부분 :

04 $\sqrt{70}$

정수 부분 :

소수 부분 :

05 $\sqrt{2}+2$

$1<\sqrt{2}<2$에서
$3<\sqrt{2}+2<4$

정수 부분 :

소수 부분 :

06 $\sqrt{5}+3$

정수 부분 :

소수 부분 :

07 $4+\sqrt{14}$

정수 부분 :

소수 부분 :

08 $5-\sqrt{6}$

정수 부분 :

소수 부분 :

09 $9-\sqrt{17}$

정수 부분 :

소수 부분 :

뺄셈을 이용한 실수의 대소 관계

스피드 정답 : 04쪽
친절한 풀이 : 23쪽

a, b가 실수일 때

- $a-b>0$이면 $a>b$
- $a-b=0$이면 $a=b$
- $a-b<0$이면 $a<b$

예 $\sqrt{3}-1$과 2의 대소 관계

$(\sqrt{3}-1)-2=\sqrt{3}-3=\sqrt{3}-\sqrt{9}<0$

즉, $(\sqrt{3}-1)-2<0$이므로 $\sqrt{3}-1<2$

* 다음 ○ 안에 $>$, $<$ 중 알맞은 부등호를 쓰시오.

10 $\sqrt{7}-3$ ◯ 1

▶ $(\sqrt{7}-3)-1=\sqrt{7}-\square$

$=\sqrt{7}-\sqrt{\square}$ (◯ 0)

$\therefore \sqrt{7}-3$ ◯ 1

11 $\sqrt{10}+1$ ◯ 4

12 $\sqrt{12}-3$ ◯ 1

13 $2+\sqrt{14}$ ◯ 5

14 $\sqrt{18}-3$ ◯ 3

15 $4\sqrt{3}-1$ ◯ $2+2\sqrt{3}$

▶ $(4\sqrt{3}-1)-(2+2\sqrt{3})=2\sqrt{3}-3$

$2\sqrt{3}=\sqrt{\square}$, $3=\sqrt{\square}$이므로

$2\sqrt{3}-3$ ◯ 0

$\therefore 4\sqrt{3}-1$ ◯ $2+2\sqrt{3}$

16 $3+5\sqrt{2}$ ◯ $2\sqrt{2}+2$

17 $3\sqrt{7}-2$ ◯ $\sqrt{7}$

18 $2\sqrt{3}-3\sqrt{5}$ ◯ $\sqrt{5}+\sqrt{3}$

19 $1+\sqrt{18}$ ◯ $\sqrt{8}-2$

20 $\sqrt{28}-\sqrt{2}$ ◯ $\sqrt{63}$

ACT+ 21 필수 유형 훈련

스피드 정답 : 04쪽
친절한 풀이 : 24쪽

유형 1 제곱근의 덧셈, 뺄셈을 도형에 활용하기

도형의 변이나 모서리의 길이가 무리수인 경우

❶ 둘레의 길이, 넓이, 부피를 구하는 공식을 이용하여 식을 세운다.

❷ 제곱근의 사칙 계산을 한다.
이때 계산 결과의 분모가 근호를 포함한 무리수이면 분모를 유리화한다.

01 다음 도형의 넓이를 구하시오.

(1)

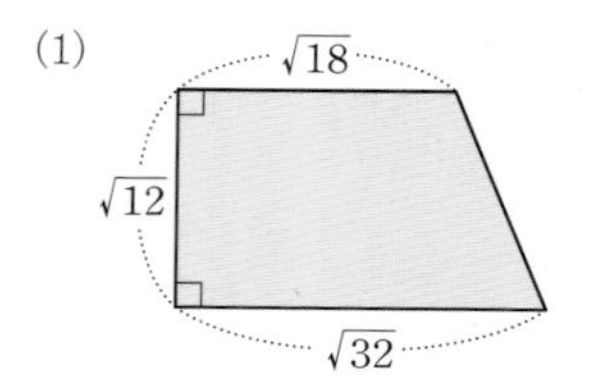

(2)

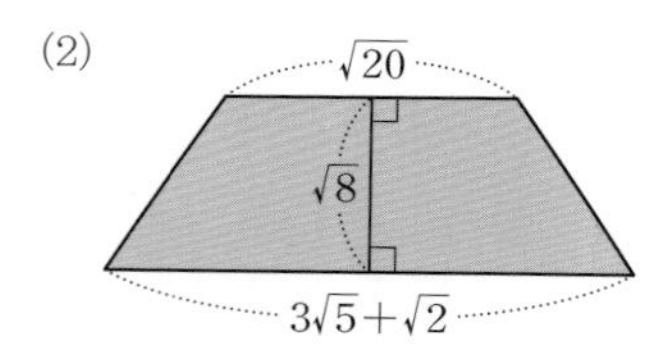

02 다음 그림과 같이 세 정사각형의 넓이가 주어졌을 때, 선분 AB의 길이를 구하시오.

(1)

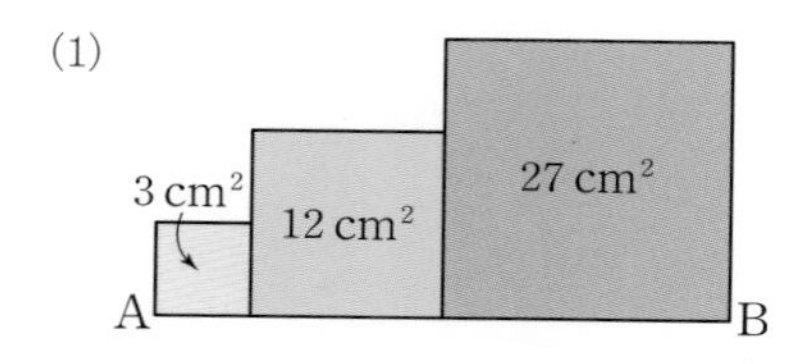

(2)

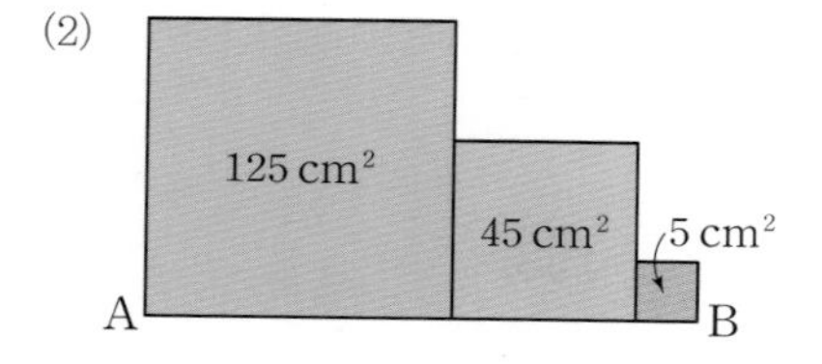

03 오른쪽 그림과 같이 가로의 길이가 $3\sqrt{7}$ 인 직사각형의 넓이가 210일 때, 다음 물음에 답하시오.

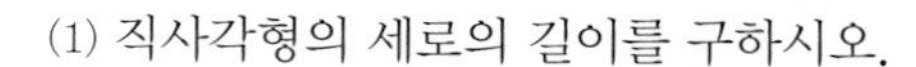

(1) 직사각형의 세로의 길이를 구하시오.

(2) 직사각형의 둘레의 길이를 구하시오.

04 오른쪽 그림과 같이 밑면의 가로의 길이가 $\sqrt{12}$, 세로의 길이가 $\sqrt{3}$ 인 직육면체의 겉넓이가 66일 때, 다음 물음에 답하시오.

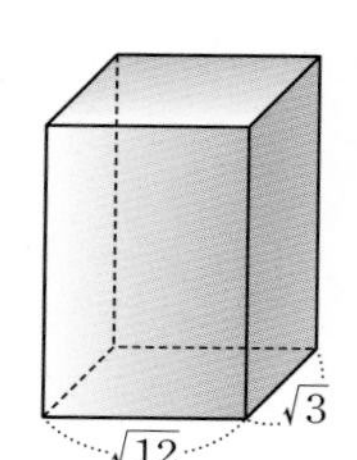

(1) 직육면체의 높이를 구하시오.

(2) 직육면체의 부피를 구하시오.

05 오른쪽 그림과 같이 밑면의 가로의 길이가 $\sqrt{20}$, 높이가 $\sqrt{2}$ 인 직육면체의 부피가 $60\sqrt{2}$ 일 때, 이 직육면체의 겉넓이를 구하시오.

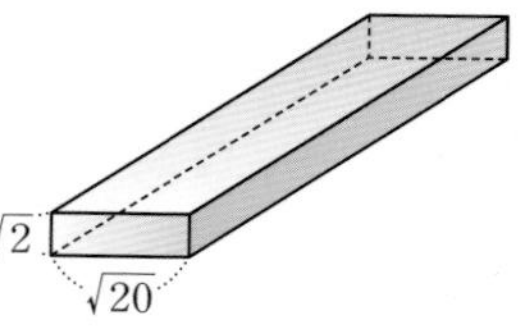

유형 2 제곱근의 덧셈, 뺄셈을 수직선에 활용하기

수직선 위의 두 점 P, Q에 대하여

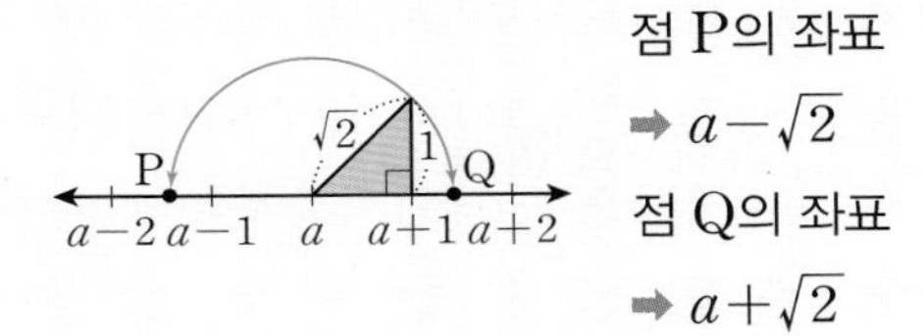

점 P의 좌표
➡ $a-\sqrt{2}$
점 Q의 좌표
➡ $a+\sqrt{2}$

$(\overline{PQ}$의 길이$)=($점 Q의 좌표$)-($점 P의 좌표$)$
$=(a+\sqrt{2})-(a-\sqrt{2})=2\sqrt{2}$

유형 3 세 실수의 대소 관계

세 실수 a, b, c에 대하여
$a<b$이고 $b<c$이면 $a<b<c$

Skill

한 수직선 위에 세 수를 모두 나타내는 거야.
그럼 한번에 비교해서 나타낼 수 있지!

06 다음 그림에서 사각형은 한 변의 길이가 1인 정사각형일 때, 두 점 P, Q 사이의 거리를 구하시오.

(1) $\overline{BD}=\overline{BQ}$, $\overline{CA}=\overline{CP}$일 때

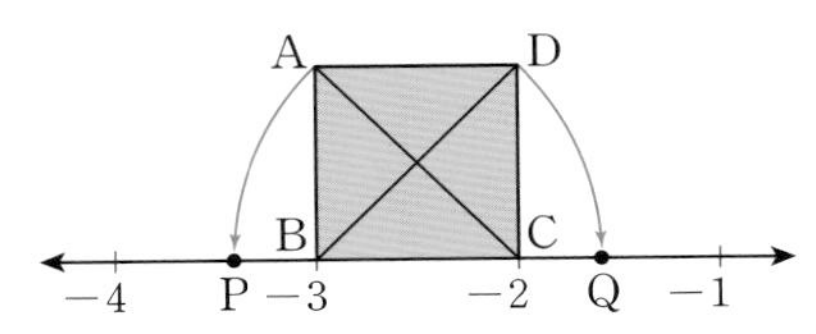

(2) $\overline{CA}=\overline{CP}$, $\overline{FH}=\overline{FQ}$일 때

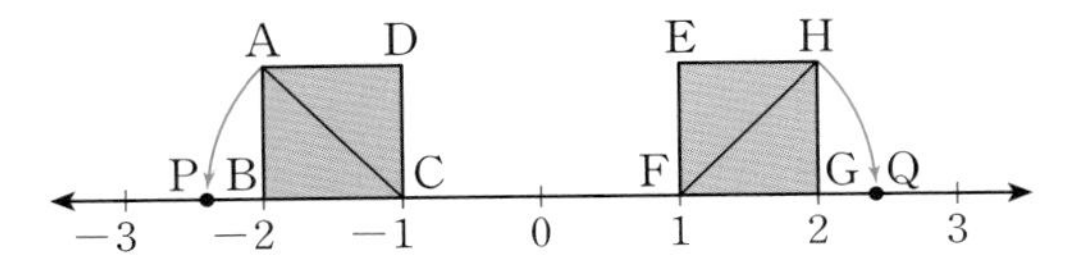

07 다음 그림에서 모눈 한 칸은 한 변의 길이가 1인 정사각형이다. $\overline{CB}=\overline{CP}$, $\overline{CD}=\overline{CQ}$일 때, 두 점 P, Q 사이의 거리를 구하시오.

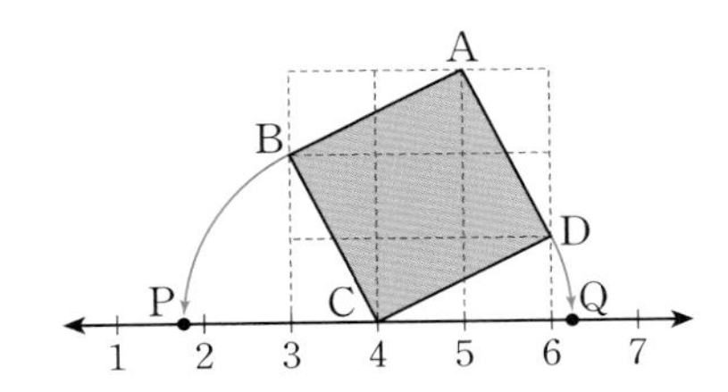

빼셈을 이용하자!

08 세 수 a, b, c에 대하여 다음 물음에 답하시오.

$$a=7+2\sqrt{5},\ b=\sqrt{3}+2\sqrt{5},\ c=4+\sqrt{3}$$

(1) a, b의 크기를 부등호를 사용하여 나타내시오.

(2) b, c의 크기를 부등호를 사용하여 나타내시오.

(3) a, b, c의 크기를 부등호를 사용하여 나타내시오.

09 다음 세 수 a, b, c의 대소 관계를 바르게 나타낸 것은?

$$a=\sqrt{7}+2,\ b=3-\sqrt{3},\ c=2$$

① $a<b<c$ ② $a<c<b$ ③ $b<a<c$
④ $b<c<a$ ⑤ $c<b<a$

10 다음을 구하시오.

(1) $a=\sqrt{6}-\sqrt{8}$, $b=3\sqrt{8}$, $c=2\sqrt{8}+\sqrt{6}$ 중 가장 작은 수

(2) $a=2\sqrt{5}-3$, $b=2\sqrt{5}+\sqrt{2}$, $c=-1+\sqrt{2}$ 중 가장 큰 수

TEST 02

단원 평가

* 다음 식을 간단히 하시오. (01 ~ 02)

01 $5\sqrt{\frac{15}{2}} \times 4\sqrt{\frac{10}{5}}$

02 $\frac{\sqrt{22}}{\sqrt{5}} \div \frac{\sqrt{22}}{\sqrt{10}}$

* 다음을 $a\sqrt{b}$ 꼴로 나타내시오.
(단, b는 가장 작은 자연수) (03 ~ 06)

03 $\sqrt{125}$

04 $\sqrt{162}$

05 $\sqrt{\frac{11}{100}}$

06 $\sqrt{\frac{14}{242}}$

* 다음 식을 간단히 하시오. (07 ~ 12)

07 $4\sqrt{5} \div 2\sqrt{3} \times \sqrt{2}$

08 $\frac{\sqrt{75}}{2} \div 6\sqrt{2} \times \sqrt{32}$

09 $8\sqrt{2} + 9\sqrt{2}$

10 $\sqrt{10} - 3\sqrt{10} + 9\sqrt{5}$

11 $\sqrt{125} - \sqrt{45} - \sqrt{108}$

12 $7\sqrt{2} - \frac{5}{\sqrt{2}} + \frac{2}{\sqrt{8}}$

＊점수＊

스피드 정답 : 04쪽
친절한 풀이 : 25쪽

13 $\sqrt{5}=2.236$, $\sqrt{50}=7.071$일 때, 다음 중 옳지 <u>않은</u> 것은?

① $\sqrt{0.005}=0.02236$
② $\sqrt{0.05}=0.2236$
③ $\sqrt{0.5}=0.7071$
④ $\sqrt{500}=22.36$
⑤ $\sqrt{500000}=707.1$

14 다음 그림의 삼각형과 직사각형의 넓이가 서로 같을 때, 삼각형의 높이 x의 값을 구하시오.

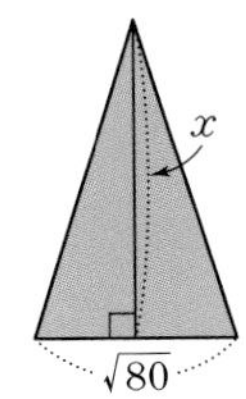

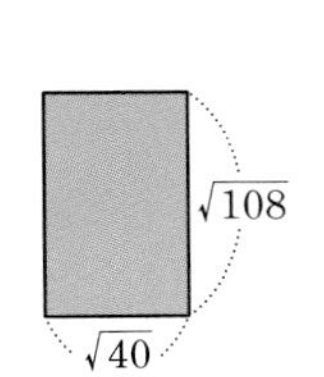

15 $\sqrt{2}(4-2\sqrt{8})+\sqrt{6}(\sqrt{24}-3\sqrt{3})$을 간단히 하면 $a\sqrt{2}+b$가 된다. 이때 유리수 a, b에 대하여 $a+b$의 값은?

① -9　② -1　③ 1
④ 8　⑤ 9

16 다음 식을 간단히 하시오.

$$\sqrt{5}\left(\frac{2}{\sqrt{5}}-2\right)-\sqrt{15}\left(\frac{1}{2\sqrt{3}}-\sqrt{3}\right)$$

17 다음 식의 계산 결과가 유리수가 되도록 하는 유리수 a의 값은?

$$5\sqrt{19}-2\sqrt{19}-6+a\sqrt{19}$$

① -3　② -2　③ -1
④ 1　⑤ 2

18 $\sqrt{77}$의 정수 부분과 소수 부분을 각각 구하시오.

19 $5-\sqrt{5}$에서 정수 부분을 a, 소수 부분을 b라고 할 때, $a-b$의 값을 구하시오.

20 다음 중 두 실수의 대소 관계가 옳지 <u>않은</u> 것은?

① $\sqrt{3}-2<2$
② $\sqrt{2}+6<5\sqrt{2}+5$
③ $3\sqrt{5}+\sqrt{6}>\sqrt{5}+2\sqrt{6}$
④ $2\sqrt{3}-2\sqrt{5}>\sqrt{12}+\sqrt{2}$
⑤ $3\sqrt{2}-\sqrt{12}<\sqrt{32}+2\sqrt{2}$

쉬어 가기

스도쿠 게임

＊ 게임 규칙

❶ 모든 가로줄, 세로줄에 각 1에서 9까지의 숫자를 겹치지 않게 배열한다.

❷ 가로, 세로 3칸씩 이루어진 9칸의 격자 안에도 1에서 9까지의 숫자를 겹치지 않게 배열한다.

9	3							8
4						5		
8	5				2	1		9
3	4				5		8	
7			2	4		3		6
			3		8		7	
		2		8		6		3
	8		6		4			
6		4		3				2

답

9	3	7	1	5	6	4	2	8
4	2	1	8	9	3	5	6	7
8	5	6	4	7	2	1	3	9
3	4	9	7	6	5	2	8	1
7	1	8	2	4	9	3	5	6
2	6	5	3	1	8	9	7	4
5	7	2	9	8	1	6	4	3
1	8	3	6	2	4	7	9	5
6	9	4	5	3	7	8	1	2

Chapter Ⅲ

다항식의 곱셈

keyword

곱셈 공식, 식의 값, 곱셈 공식의 변형

VISUAL IDEA
4

곱셈 공식

기본 곱셈 공식

"다항식끼리의 곱셈을 쉽고 빠르게!"

다항식끼리의 곱셈은 몇 가지 공통된 꼴로 정리할 수 있다.

▶ 합의 제곱 $(a+b)^2=a^2+2ab+b^2$

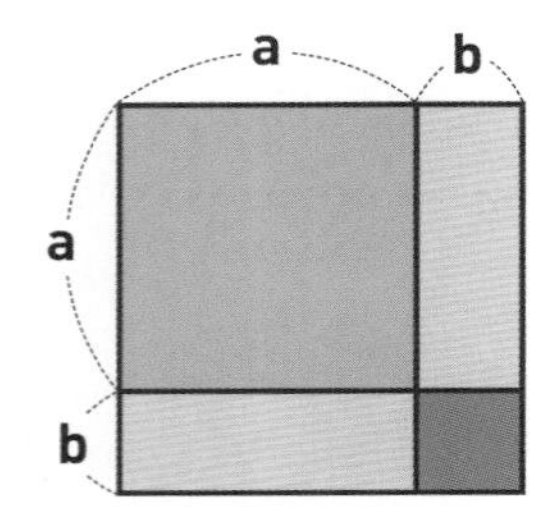

=

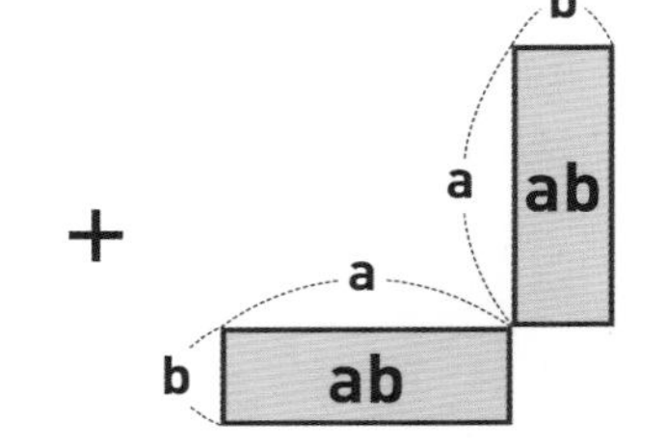

▶ 차의 제곱 $(a-b)^2=a^2-2ab+b^2$

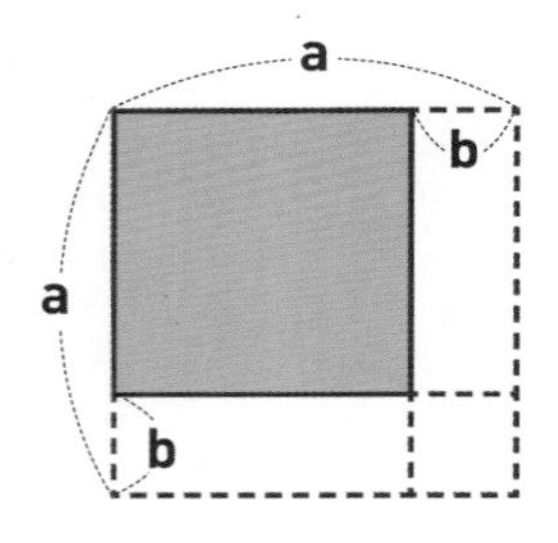

=

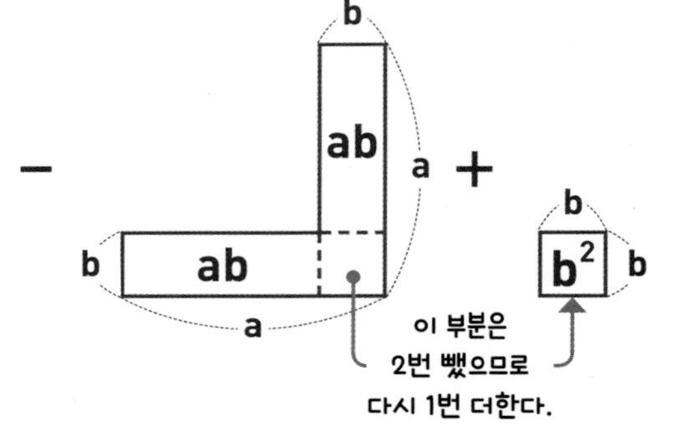

▶ 합과 차의 곱 $(a+b)(a-b)=a^2-b^2$

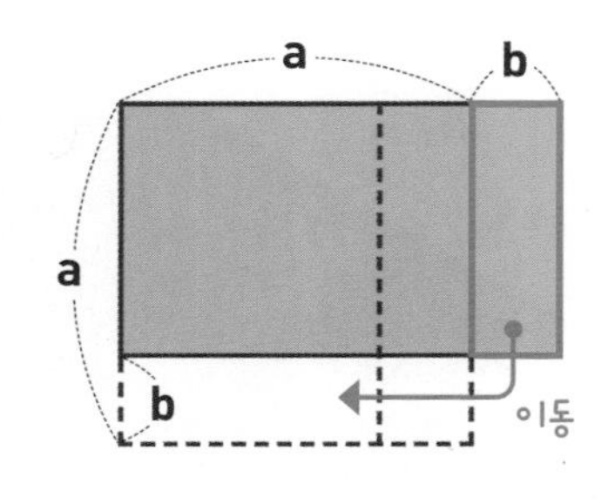

=

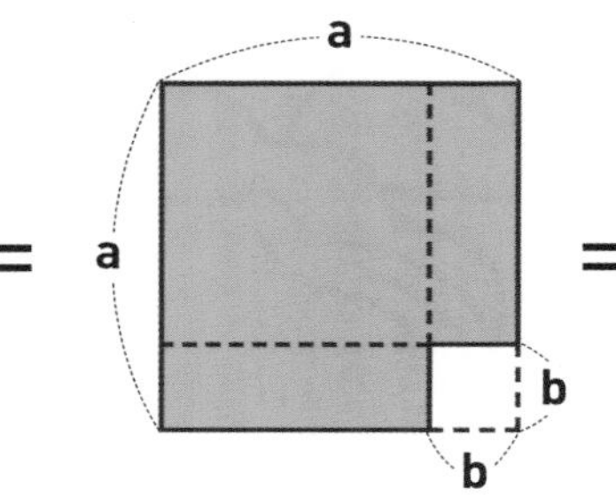

=

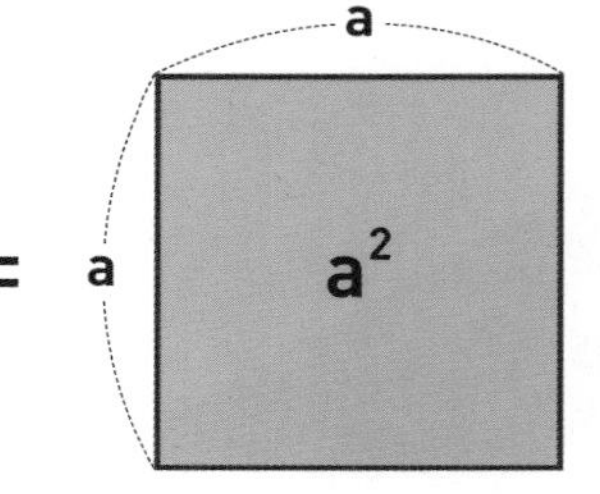

Ⅴ 두 일차식의 곱

"합이나 차로 이루어진 공식을 적용할 수 없다면?"

분배법칙을 기본적으로 이용하지만, 간단한 식의 원리는 알아두자.

x의 계수가 1일 때

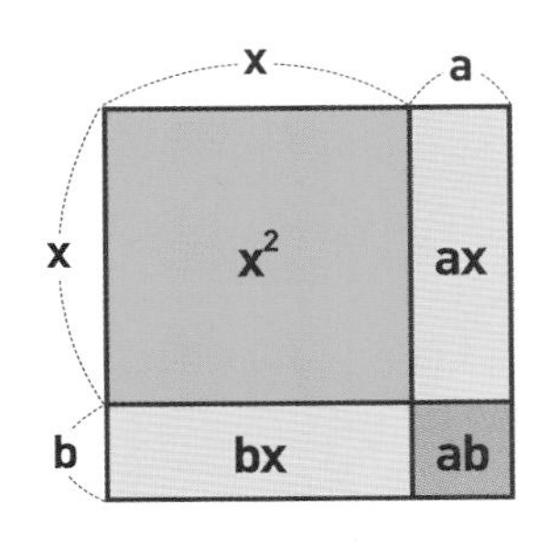

$$(x+a)(x+b)=x^2+(a+b)x+ab$$

x의 2차항 / x의 1차항 / 상수항

x의 1차항 $x\cdot b+a\cdot x=bx+ax$

$(x+2)(x+3)$
$=x^2+(2+3)x+2\cdot3$
$=x^2+5x+6$

$(x+2)(x-3)$
$=x^2+(2-3)x+2\cdot(-3)$
$=x^2-x-6$

주의 상수항 앞에 −가 있으면 숫자와 붙여 생각하자.
$x-3=x+(-3)$

x의 계수가 1이 아닐 때

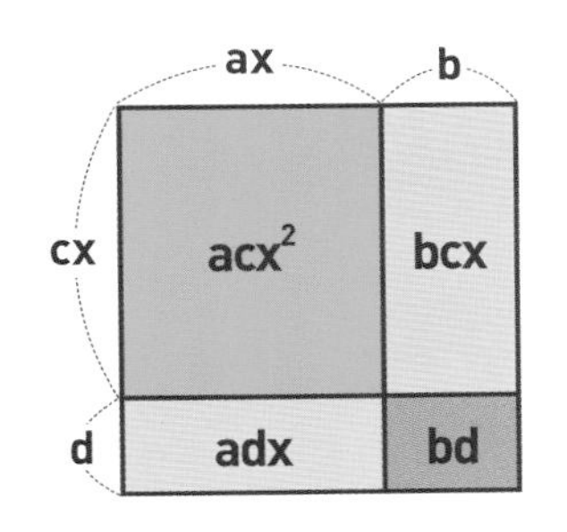

$$(ax+b)(cx+d)=acx^2+(ad+bc)x+bd$$

x의 2차항 / x의 1차항 / 상수항

x의 1차항 $ax\cdot d+b\cdot cx=adx+bcx$

$(2x+4)(3x+1)$
$=6x^2+(2+12)x+4$
$=6x^2+14x+4$

$\{2x+(-4)\}\{(-3x)+1\}$

$(2x-4)(-3x+1)$
$=-6x^2+(2+12)x-4$
$=-6x^2+14x-4$

곱셈 공식, 꼭 외워야 할까?

식을 전개할 때에는 꼭 곱셈 공식을 사용하지 않아도 됩니다. 묶어진 식을 풀어서 나타내는 것이기 때문에 분배법칙만 잘 사용해도 식을 쉽게 전개할 수 있습니다.
하지만 인수분해는 전개된 식을 묶어서 인수를 찾는 것을 말합니다. 곱셈 공식을 알아야 인수분해를 쉽게 할 수 있어요.
다음 단원인 '인수분해'를 잘 하려면 곱셈 공식을 암기해두는 것이 좋습니다.

ACT 22 다항식의 곱셈

스피드 정답 : 05쪽
친절한 풀이 : 26쪽

분배법칙을 이용하여 전개하고 동류항이 있으면 간단히 한다.

$$(a+b)(c+d) = \underset{①}{ac} + \underset{②}{ad} + \underset{③}{bc} + \underset{④}{bd}$$

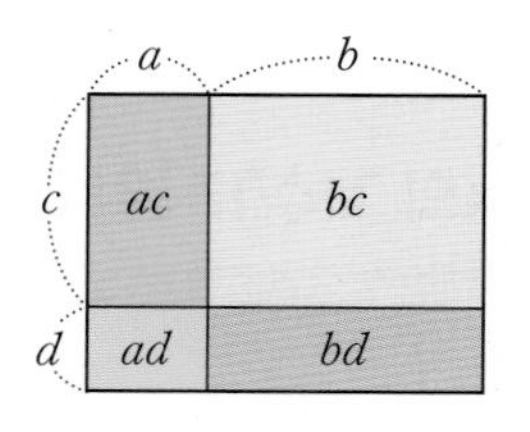

* 다음 식을 전개하시오.

01 $(a+3)(a-1)=a^2-a+\square-3$

$=a^2+\square-\square$

02 $(x+4)(x+3)$

03 $(x+8)(x-2)$

04 $(2a-1)(3a+1)$

05 $(8a-3)(-a+2)$

06 $(x+y)(x+3y)$

07 $(a+b)(a-2b)$

08 $(a+2b)(a-2b)$

09 $(2x-y)(x+4y)$

10 $(5a+b)(a+2b)$

11 $\left(-x+\frac{2}{3}\right)(9x+6)$

12 $\left(9a-\frac{9}{4}b\right)\left(\frac{4}{3}a-8b\right)$

13 $(x+1)(x+y+1)$

$=x^2+\square+x+x+\square+1$

$=x^2+\square+\square x+\square+1$

14 $(a+2)(a+2b+1)$

15 $(a-b)(a+b+4)$

16 $(x+y)(x-y-3)$

17 $(2x+1)(x-3y+1)$

18 $(-2a+b)(a-b+1)$

19 $(3a-2b)(-a+b+5)$

20 $(x-y-1)(2x+1)$

21 $(a+3b-1)(2-a)$

22 $(-x-y+3)(x+4)$

23 $(2a+b-6)(3a-b)$

24 $(3x-6y-6)\left(y-\frac{1}{3}x\right)$

시험에는 이렇게 나온대.

25 $(4x-2)(-3x+1+y)$의 전개식에서 x의 계수를 a, y의 계수를 b라고 할 때, $a-b$의 값은?

① 8 ② 9 ③ 10
④ 11 ⑤ 12

ACT 23

곱셈 공식 1 _합, 차의 제곱

스피드 정답 : 05쪽
친절한 풀이 : 27쪽

합의 제곱

$$(a+b)^2 = \underset{\text{제곱}}{a^2} + \underset{\text{곱의 2배}}{2ab} + \underset{\text{제곱}}{b^2}$$

➡ $(a+b)^2=(a+b)(a+b)$
$=a^2+ab+ab+b^2$
$=a^2+2ab+b^2$

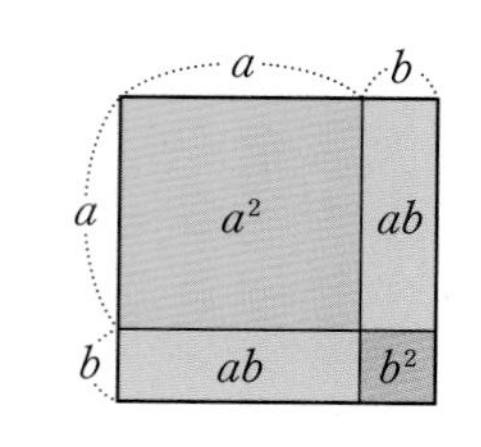

차의 제곱

$$(a-b)^2 = \underset{\text{제곱}}{a^2} - \underset{\text{곱의 2배}}{2ab} + \underset{\text{제곱}}{b^2}$$

➡ $(a-b)^2=(a-b)(a-b)$
$=a^2-ab-ab+b^2$
$=a^2-2ab+b^2$

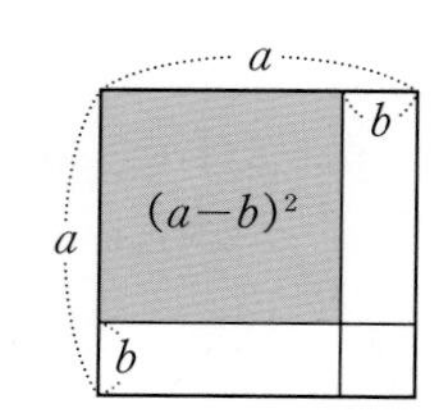

＊ 다음 식을 전개하시오.

01 $(x+2)^2=x^2+2\times\square\times\square+2^2$
$=x^2+\square x+\square$

02 $(x+4)^2$

03 $(x+5)^2$

04 $(2x+1)^2$

05 $(3x+1)^2$

06 $(4x+2)^2$

07 $(x-2)^2=x^2-2\times\square\times\square+2^2$
$=x^2-\square x+\square$

08 $(x-4)^2$

09 $(x-5)^2$

10 $(2x-1)^2$

11 $(3x-1)^2$

12 $(4x-2)^2$

13 $(2a+b)^2=(\square)^2+2\times2a\times\square+b^2$
$=\square a^2+\square ab+\square^2$

14 $(5a+b)^2$

15 $(2x+2y)^2$

16 $(3a+2b)^2$

17 $(4a+3b)^2$

18 $(3x+4y)^2$

19 $\left(\frac{1}{2}x+2y\right)^2$

20 $\left(\frac{1}{3}a+6b\right)^2$

21 $(2a-b)^2=(2a)^2-2\times\square\times b+\square^2$
$=\square a^2-\square ab+\square^2$

22 $(3x-y)^2$

23 $(5x-3y)^2$

24 $(2a-4b)^2$

25 $(-x-2y)^2$

26 $\left(\frac{1}{2}x-\frac{4}{5}y\right)^2$

시험에는 이렇게 나온대.

27 $(2x+a)^2$을 전개한 식이 $4x^2+bx+4$일 때, 양수 a, b에 대하여 $b-a$의 값을 구하시오.

ACT 24 곱셈 공식 2 _합과 차의 곱

스피드 정답 : 05쪽
친절한 풀이 : 28쪽

$(a+b)(a-b)=a^2-b^2$

합 차 제곱의 차

➡ $(a+b)(a-b)=a^2-ab+ab-b^2$
$=a^2-b^2$

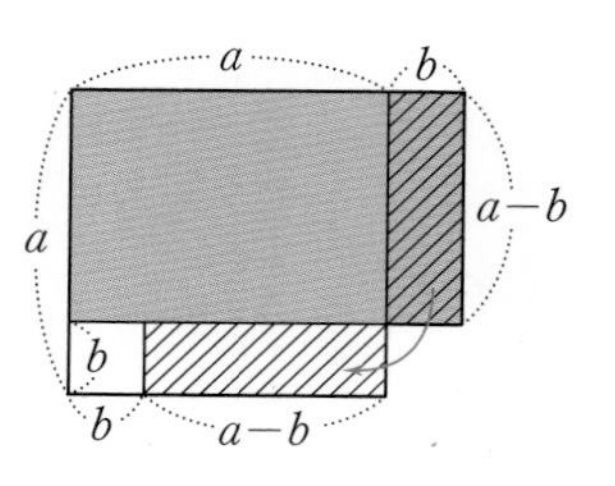

＊ 다음 식을 전개하시오.

01 $(x+2)(x-2)=x^2-\square^2=x^2-\square$

02 $(x+5)(x-5)$

03 $(x+10)(x-10)$

04 $(2x+1)(2x-1)$

05 $\left(x+\frac{1}{2}\right)\left(x-\frac{1}{2}\right)$

06 $\left(3x+\frac{1}{2}\right)\left(3x-\frac{1}{2}\right)$

07 $(-x+1)(-x-1)$

08 $(-2x+3)(-2x-3)$

09 $(-3x+7)(-3x-7)$

10 $(-2x+5)(-2x-5)$

11 $\left(-x+\frac{1}{4}\right)\left(-x-\frac{1}{4}\right)$

12 $\left(-\frac{1}{2}x+3\right)\left(-\frac{1}{2}x-3\right)$

13 $(2x+2y)(2x-2y)=(2x)^2-(\square)^2$

$=\square x^2-\square y^2$

14 $(4x+y)(4x-y)$

15 $(2x+4y)(2x-4y)$

16 $(3x+2y)(3x-2y)$

17 $(5x+2y)(5x-2y)$

18 $(-2x+3y)(-2x-3y)$

19 $(-x+2y)(-x-2y)$

20 $(-2x+3y)(2x+3y)$

$=(3y-\square)(\square+2x)$

$=(\square)^2-(2x)^2$

$=\square y^2-\square x^2$

$(-a+b)(a+b)$ 꼴로 주어진 경우 $(b-a)(b+a)$로 바꾸어 생각하자.

21 $(x+2y)(-x+2y)$

22 $(-x+3y)(x+3y)$

23 $(2x+4y)(-2x+4y)$

24 $(-5x+2y)(5x+2y)$

시험에는 이렇게 나온대.

25 다음 중 전개식이 나머지 넷과 다른 하나는?

① $(x+4)(x-4)$
② $(-x+4)(x+4)$
③ $(-x+4)(-x-4)$
④ $(-4+x)(4+x)$
⑤ $-(4+x)(4-x)$

ACT 25

곱셈 공식 3 _ x의 계수가 1인 두 일차식의 곱

스피드 정답 : 05쪽
친절한 풀이 : 28쪽

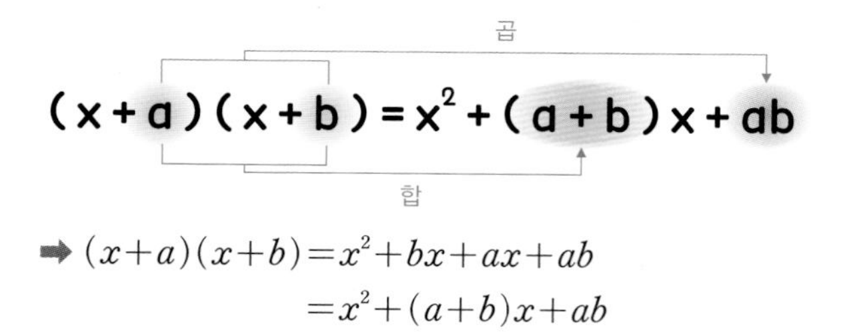

➡ $(x+a)(x+b)=x^2+bx+ax+ab$
$=x^2+(a+b)x+ab$

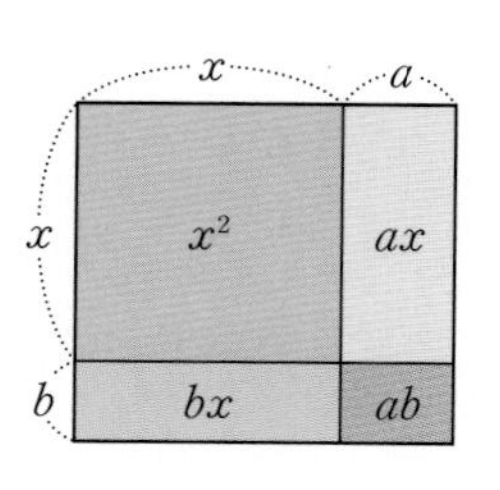

* 다음 식을 전개하시오.

01 $(x+1)(x+2)=x^2+(1+\square)x+1\times\square$
$=x^2+\square x+\square$

02 $(x+3)(x+2)$

03 $(x+4)(x+1)$

04 $(x-3)(x-5)$

05 $(x-7)(x-2)$

06 $(x-2)(x-3)$

07 $(x-2)(x+4)$

08 $(x-5)(x+1)$

09 $(x-1)(x+2)$

10 $(x+5)(x-2)$

11 $\left(x-\frac{2}{3}\right)(x+6)$

12 $\left(x-\frac{1}{2}\right)(x+4)$

13 $(x+2y)(x+y)$

$=x^2+(\square+y)x+2y\times\square$

$=x^2+\square xy+\square y^2$

y항을 상수항으로 생각하자.

14 $(x+4y)(x+2y)$

15 $(x-3y)(x-7y)$

16 $(x-5y)(x-4y)$

17 $(x-y)(x+2y)$

18 $(x+3y)(x-5y)$

19 $(x+5y)(x-10y)$

* 다음 □ 안에 알맞은 수를 쓰시오.

x의 계수 또는 상수항만 구해서 생각해도 돼.

20 $(x+\square)(x+1)=x^2+5x+4$

21 $(x-\square)(x+1)=x^2-2x-3$

22 $(x-2)(x+\square)=x^2+x-6$

23 $(x+3)(x-\square)=x^2-2x-15$

24 $(x-\square)(x-4)=x^2-10x+24$

25 $(x+5)(x-\square)=x^2+3x-10$

26 $(x-\square)(x+7)=x^2+2x-35$

ACT 26

곱셈 공식 4 _ x의 계수가 1이 아닌 두 일차식의 곱

스피드 정답 : 05쪽
친절한 풀이 : 29쪽

$$(ax+b)(cx+d)=acx^2+(ad+bc)x+bd$$

x의 계수의 곱 / 곱의 합 / 상수항의 곱

➡ $(ax+b)(cx+d)=acx^2+adx+bcx+bd$
$=acx^2+(ad+bc)x+bd$

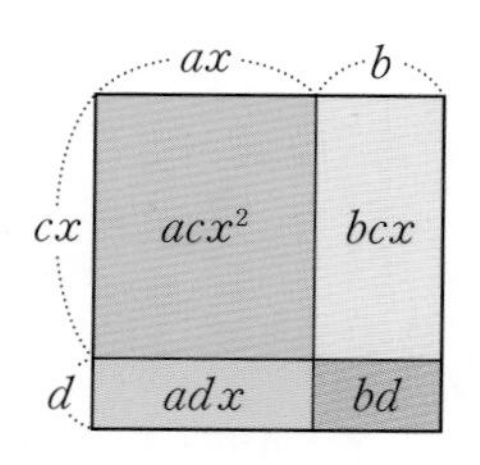

* 다음 식을 전개하시오.

01 $(2x+1)(3x+2)$
$=(2\times\square)x^2+(2\times\square+1\times\square)x$
$+\square\times 2$
$=\square x^2+\square x+\square$

02 $(2x+1)(4x+3)$

03 $(5x-1)(3x-2)$

04 $(3x-1)(2x+1)$

05 $(4x-5)(x+2)$

06 $(2x+3)(6x-1)$

07 $(5x+y)(2x+3y)$
$=(\square\times 2)x^2+(5\times\square+y\times\square)x$
$+\square\times 3y$
$=\square x^2+\square xy+\square y^2$

08 $(2x-5y)(3x-y)$

y항을 상수항으로 생각하자!

09 $(3x+4y)(2x-y)$

10 $(5x-2y)(4x+3y)$

11 $(-3x+5)(2x+1)$

$=\{(-3)\times\square\}x^2$

$+\{(-\square)\times 1+5\times\square\}x+\square\times 1$

$=\square x^2+\square x+\square$

12 $(-2x+5)(-x-3)$

13 $(-5x+1)(2x+2)$

14 $(-2x+3)(4x-2)$

15 $(-x-2y)(6x+y)$

16 $(-3x-4y)(2x-5y)$

* 다음 식을 전개하였을 때, xy의 계수를 구하시오.

17 $(2x+y)(3x-2y)$

xy항이 나오는 부분만 전개해도 돼.

18 $(4x-2y)(x+3y)$

19 $(-7x+2y)(2x+3y)$

20 $(-2x+3y)(5x+2y)$

21 $(8x+5y)\left(\frac{3}{5}x-4y\right)$

22 $\left(\frac{1}{2}x-6y\right)\left(\frac{2}{3}x+10y\right)$

ACT 27

곱셈 공식 종합

스피드 정답 : 06쪽
친절한 풀이 : 30쪽

곱셈 공식 1
$(a+b)^2=a^2+2ab+b^2$, $(a-b)^2=a^2-2ab+b^2$

곱셈 공식 2
$(a+b)(a-b)=a^2-b^2$

곱셈 공식 3
$(x+a)(x+b)=x^2+(a+b)x+ab$

곱셈 공식 4
$(ax+b)(cx+d)=acx^2+(ad+bc)x+bd$

* 다음 식을 전개한 것이 옳은 것에는 ○표, 옳지 않은 것에는 ×표를 하시오.

01 $(2x+3)^2=2x^2+6x+9$ (　　　)

02 $(-x+3)(x+3)=9-x^2$ (　　　)

03 $(x-2y)^2=x^2-4xy+4y^2$ (　　　)

04 $(x-1)(x+4)=x^2-3x-4$ (　　　)

05 $(5x+1)(2x+3)=10x^2+17x+3$ (　　　)

* 다음 식을 전개하였을 때, 상수항을 구하시오.

06 $(x-6)(x+6)$

07 $\left(\frac{1}{2}x+5\right)^2$

08 $(4x-5)(-x-3)$

09 $\left(x+\frac{3}{5}\right)(5x+10)$

10 $\left(-2x-\frac{2}{3}\right)\left(6x+\frac{9}{4}\right)$

* 다음 식을 전개하시오.

11 $(3a-b)^2$

12 $(-a+2b)^2$

13 $(5x-y)(5x+y)$

14 $(-2x+1)(2x+1)$

15 $(x+4)(x+2)$

16 $(x-2y)(x+6y)$

17 $(8x+y)(-x+3y)$

18 $(x-2)(x+2)+(x+1)^2$

19 $(x-2)^2-(x+2)^2$

20 $(x-1)(x+1)-(x-1)^2$

21 $(x-1)(x-2)-(x+1)(x-3)$

22 $(x-4)^2-(x-4)(x+2)$

시험에는 이렇게 나온대.

23 다음 중 옳지 않은 것은?

① $(2x-y)^2=4x^2-4xy+y^2$
② $(-6a+b)^2=36a^2-12ab+b^2$
③ $(3x+5)(3x-5)=9x^2-25$
④ $(x-5)(x-8)=x^2-13x+40$
⑤ $(5x-2)(x-7)=5x^2-9x+14$

ACT 28

곱셈 공식을 이용한 수의 계산

수의 제곱의 계산

$(a+b)^2=a^2+2ab+b^2$ 또는

$(a-b)^2=a^2-2ab+b^2$을 이용한다.

예 $98^2=(100-2)^2$

$=100^2-2\times100\times2+2^2$

$=10000-400+4$

$=9604$

두 수의 곱의 계산

$(a+b)(a-b)=a^2-b^2$ 또는

$(x+a)(x+b)=x^2+(a+b)x+ab$를 이용한다.

예 $102\times103=(100+2)(100+3)$

$=100^2+(2+3)\times100+2\times3$

$=10000+500+6$

$=10506$

* **곱셈 공식을 이용하여 다음을 계산하시오.**

01 $52^2=(50+2)^2$

$=50^2+2\times\square\times\square+2^2$

$=\square$

02 101^2

03 7.1^2

소수에 가장 가까운 정수를 찾자!

04 88^2

05 9.7^2

06 $101\times99=(100+\square)(100-\square)$

$=100^2-\square^2$

$=\square$

07 42×38

08 9.8×10.2

09 202×205

$(x+a)(x+b)=x^2+(a+b)x+ab$를 이용하자.

10 58×63

곱셈 공식을 이용한 근호를 포함한 식의 계산

스피드 정답 : 06쪽
친절한 풀이 : 31쪽

근호를 포함한 식의 계산은 제곱근을 문자로 생각하고 곱셈 공식을 이용한다.

• $(a+b)^2=a^2+2ab+b^2$, $(a-b)^2=a^2-2ab+b^2$

예 $(\sqrt{2}+\sqrt{5})^2$
$=(\sqrt{2})^2+2\times\sqrt{2}\times\sqrt{5}+(\sqrt{5})^2$
$=2+2\sqrt{10}+5$
$=7+2\sqrt{10}$

• $(a+b)(a-b)=a^2-b^2$

예 $(\sqrt{3}+\sqrt{2})(\sqrt{3}-\sqrt{2})$
$=(\sqrt{3})^2-(\sqrt{2})^2$
$=3-2$
$=1$

• $(x+a)(x+b)$
$=x^2+(a+b)x+ab$

예 $(\sqrt{2}+1)(\sqrt{2}+3)$
$=(\sqrt{2})^2+(1+3)\times\sqrt{2}+1\times3$
$=2+4\sqrt{2}+3$
$=5+4\sqrt{2}$

＊ 곱셈 공식을 이용하여 다음을 계산하시오.

11 $(\sqrt{3}+\sqrt{2})^2$
$=(\sqrt{3})^2+2\times\sqrt{3}\times\sqrt{2}+\left(\sqrt{\square}\right)^2$
$=3+2\sqrt{\square}+\square$
$=\square+2\sqrt{\square}$

12 $(\sqrt{5}-2)^2$

13 $(2\sqrt{2}+\sqrt{3})^2$

14 $(\sqrt{2}+1)(\sqrt{2}-1)=\left(\sqrt{\square}\right)^2-\square^2=\square$

15 $(\sqrt{7}+\sqrt{3})(\sqrt{7}-\sqrt{3})$

16 $(-\sqrt{5}+2)(-\sqrt{5}-2)$

17 $(\sqrt{3}+2)(\sqrt{3}+3)$
$=(\sqrt{3})^2+(2+\square)\times\sqrt{3}+2\times\square$
$=3+\square\sqrt{3}+\square$
$=\square+\square\sqrt{3}$

18 $(\sqrt{6}+4)(\sqrt{6}-2)$

19 $(3\sqrt{2}-2)(3\sqrt{2}+5)$

20 $(2\sqrt{6}-3)(\sqrt{6}+1)$

ACT 29

곱셈 공식을 이용한 분모의 유리화

분모가 2개의 항으로 되어 있는 무리수일 때, 곱셈 공식 $(a+b)(a-b)=a^2-b^2$을 이용하여 분모를 유리화한다.

$$\frac{1}{1+\sqrt{2}}=\frac{1-\sqrt{2}}{(1+\sqrt{2})(1-\sqrt{2})}=\frac{1-\sqrt{2}}{1^2-(\sqrt{2})^2}=\frac{1-\sqrt{2}}{-1}=\sqrt{2}-1$$

부호 반대

* 다음 수의 분모를 유리화하시오.

01 $\frac{1}{\sqrt{3}+2}=\frac{(\boxed{})}{(\sqrt{3}+2)(\boxed{})}=\boxed{}$

02 $\frac{1}{5-2\sqrt{6}}$

03 $\frac{2}{2\sqrt{2}-\sqrt{7}}$

04 $\frac{4}{2\sqrt{7}-3\sqrt{3}}$

05 $\frac{26}{5-2\sqrt{3}}$

06 $\frac{\sqrt{3}+\sqrt{2}}{\sqrt{3}-\sqrt{2}}$

07 $\frac{\sqrt{10}-3}{\sqrt{10}+3}$

08 $\frac{3-2\sqrt{2}}{3+2\sqrt{2}}$

09 $\frac{1-2\sqrt{3}}{2+\sqrt{3}}$

시험에는 이렇게 나온대.

10 $x=\sqrt{7}+\sqrt{2}$, $y=\sqrt{7}-\sqrt{2}$일 때, $\frac{1}{x}+\frac{1}{y}$의 값을 구하시오.

$x=a+\sqrt{b}$ 꼴인 경우 식의 값 구하기

스피드 정답 : 06쪽
친절한 풀이 : 32쪽

$x=1-\sqrt{2}$일 때, x^2-2x+3의 값 구하기

[방법 ❶] x의 값을 직접 대입하여 식의 값을 구한다.

➡ $x=1-\sqrt{2}$를 x^2-2x+3에 대입하면

$(1-\sqrt{2})^2-2(1-\sqrt{2})+3$

$=1-2\sqrt{2}+2-2+2\sqrt{2}+3$

$=4$

[방법 ❷] $x=a+\sqrt{b}$를 $x-a=\sqrt{b}$로 변형한 후 양변을 제곱하여 정리한다.

➡ $x-1=-\sqrt{2}$의 양변을 제곱하면

$(x-1)^2=(-\sqrt{2})^2$

$x^2-2x+1=2,\ x^2-2x=1$

$\therefore\ x^2-2x+3=1+3=4$

* 다음을 구하시오.

11 $x=\sqrt{3}-2$일 때, x^2+4x의 값

▶ $x+\square=\sqrt{3}$의 양변을 제곱하면

$x^2+\square x+\square=\square$

$\therefore\ x^2+4x=\square$

12 $x=3+\sqrt{7}$일 때, x^2-6x의 값

13 $x=\sqrt{6}+5$일 때, $x^2-10x+10$의 값

14 $x=-1+\sqrt{5}$일 때, x^2+2x-3의 값

15 $x=-4-2\sqrt{2}$일 때, $x^2+8x+15$의 값

16 $x=\dfrac{2}{\sqrt{3}+1}$일 때, x^2+2x+2의 값

먼저 분모를 유리화하자.

17 $x=\dfrac{1}{\sqrt{5}-2}$일 때, x^2-4x+3의 값

18 $x=\dfrac{1}{3+2\sqrt{2}}$일 때, x^2-6x+7의 값

19 $x=\dfrac{1}{2-\sqrt{3}}$일 때, x^2-4x-2의 값

20 $x=\dfrac{4}{3-\sqrt{5}}$일 때, x^2-6x-8의 값

ACT 30

곱셈 공식의 변형

스피드 정답 : 06쪽
친절한 풀이 : 33쪽

$a+b$와 ab의 값이 주어질 때
- $a^2+b^2=(a+b)^2-2ab$
- $(a-b)^2=(a+b)^2-4ab$

$a-b$와 ab의 값이 주어질 때
- $a^2+b^2=(a-b)^2+2ab$
- $(a+b)^2=(a-b)^2+4ab$

$a+\frac{1}{a}$의 값이 주어질 때
- $a^2+\frac{1}{a^2}=\left(a+\frac{1}{a}\right)^2-2$
- $\left(a-\frac{1}{a}\right)^2=\left(a+\frac{1}{a}\right)^2-4$

$a-\frac{1}{a}$의 값이 주어질 때
- $a^2+\frac{1}{a^2}=\left(a-\frac{1}{a}\right)^2+2$
- $\left(a+\frac{1}{a}\right)^2=\left(a-\frac{1}{a}\right)^2+4$

* $x+y=8$, $xy=7$일 때, 다음 □ 안에 알맞은 수를 쓰시오.

01 $x^2+y^2=(x+y)^2-2xy$
$=\square^2-2\times\square=\square$

02 $(x-y)^2=(x+y)^2-4xy$
$=\square^2-4\times\square=\square$

* $x-y=1$, $xy=6$일 때, 다음 □ 안에 알맞은 수를 쓰시오.

03 $x^2+y^2=(x-y)^2+2xy$
$=\square^2+2\times\square=\square$

04 $(x+y)^2=(x-y)^2+4xy$
$=\square^2+4\times\square=\square$

* 다음 식의 값을 구하시오.

05 $a+b=9$, $ab=14$일 때, a^2+b^2의 값

06 $a+b=5$, $ab=4$일 때, $(a-b)^2$의 값

07 $a-b=6$, $ab=16$일 때, a^2+b^2의 값

08 $a-b=7$, $ab=8$일 때, $(a+b)^2$의 값

* $x+\frac{1}{x}=3$일 때, 다음 □ 안에 알맞은 수를 쓰시오.

09 $x^2+\frac{1}{x^2}=\left(x+\frac{1}{x}\right)^2-2$

$=\square^2-2$

$=\square$

10 $\left(x-\frac{1}{x}\right)^2=\left(x+\frac{1}{x}\right)^2-4$

$=\square^2-4$

$=\square$

* $x-\frac{1}{x}=4$일 때, 다음 □ 안에 알맞은 수를 쓰시오.

11 $x^2+\frac{1}{x^2}=\left(x-\frac{1}{x}\right)^2+2$

$=\square^2+2$

$=\square$

12 $\left(x+\frac{1}{x}\right)^2=\left(x-\frac{1}{x}\right)^2+4$

$=\square^2+4$

$=\square$

* 다음 식의 값을 구하시오.

13 $x+\frac{1}{x}=8$일 때, $x^2+\frac{1}{x^2}$의 값

14 $x+\frac{1}{x}=6$일 때, $\left(x-\frac{1}{x}\right)^2$의 값

15 $x-\frac{1}{x}=5$일 때, $x^2+\frac{1}{x^2}$의 값

16 $x-\frac{1}{x}=10$일 때, $\left(x+\frac{1}{x}\right)^2$의 값

17 $x-\frac{1}{x}=-3$일 때, $\left(x+\frac{1}{x}\right)^2$의 값

시험에는 이렇게 나온대.

18 $x+\frac{1}{x}=7$일 때, $x^2+\frac{1}{x^2}$의 값은?

① 41 ② 43 ③ 45
④ 47 ⑤ 49

ACT 31

공통부분이 있는 식의 전개

스피드 정답 : 06쪽
친절한 풀이 : 33쪽

공통부분 또는 식의 일부를 한 문자로 바꾼 후 곱셈 공식을 이용하여 전개한다.

❶ 공통부분을 A로 놓는다.
❷ 곱셈 공식을 이용하여 전개한다.
❸ A에 다시 원래의 식을 대입한다.
❹ 전개하여 정리한다.

예 $(a+b+1)(a+b-1)$
$=(A+1)(A-1)$ ← $a+b=A$로 놓기
$=A^2-1$ ← 곱셈 공식을 이용한 전개
$=(a+b)^2-1$ ← $A=a+b$를 대입
$=a^2+2ab+b^2-1$ ← 전개

* 다음 식에서 공통부분을 A로 놓고 식을 전개하려고 할 때, A를 찾아 쓰시오.

01 $(x-y+2)(x-y+4)$

➡ (　　　　)

02 $(x-4y+3)(x-4y+5)$

➡ (　　　　)

03 $(4x+y-2)(5x+y-2)$

➡ (　　　　)

04 $(2x-1-y)(2x+3-y)$

공통부분이 보이도록 항의 자리를 바꾸어 생각하자.

➡ (　　　　)

05 $(3x+2y+5)(3x-4y+5)$

➡ (　　　　)

06 $(x-y+1)(x+y-1)$

➡ (　　　　)

* 다음 식을 전개하시오.

07 $(x+2y+1)^2$
$=(A+1)^2$ ← $x+2y=A$로 놓기
$=$ ______ ← 곱셈 공식을 이용한 전개
$=$ ______ ← $A=x+2y$를 대입
$=$ ______ ← 전개

08 $(a+2b-4)^2$

09 $(2x-y+3)^2$

10 $(3x+y-2)^2$

11 $(x-y+3)(x-y+4)$

$=(A+3)(A+4)$

$=$ ______

$=$ ______

$=$ ______

($x-y=A$로 놓기 → 전개 → 대입 → 전개)

12 $(x-4y-1)(x-4y+1)$

13 $(2x+1-y)(x+1-y)$

14 $(2x-y+1)(2x+y+1)$

$=(2x+1-y)(2x+1+y)$

$=(A-y)(A+y)$

$=$ ______

$=$ ______

$=$ ______

(항의 자리 바꾸기 → $2x+1=A$로 놓기 → 전개 → 대입 → 전개)

15 $(x+1-3y)(x+3-3y)$

16 $(-x+1-y)(-x-5-y)$

17 $(1-a-b)(1+a+b)$

$=\{1-(a+b)\}\{1+(a+b)\}$

$=(1-A)(1+A)$

$=$ ______

$=$ ______

$=$ ______

(공통부분이 보이도록 묶기 → $a+b=A$로 놓기 → 전개 → 대입 → 전개)

18 $(2-x+y)(4+x-y)$

19 $(4x-y+1)(4x+y-1)$

20 $(3a-b-2)(2a+b+2)$

시험에는 이렇게 나온대.

21 $(x+3y-1)(x+3y+2)$를 전개한 식에서 상수항을 포함한 모든 항의 계수의 합은?

① 9 ② 11 ③ 15 ④ 18 ⑤ 20

ACT+ 32

필수 유형 훈련

스피드 정답 : 06쪽
친절한 풀이 : 34쪽

유형 1 연속한 합과 차의 곱

• $(a+b)(a-b)(a^2+b^2)$ (①, ②)

$=(a^2-b^2)(a^2+b^2)=a^4-b^4$

• $(a+b)(a-b)(a^2+b^2)(a^4+b^4)$

$=(a^2-b^2)(a^2+b^2)(a^4+b^4)$

$=(a^4-b^4)(a^4+b^4)=a^8-b^8$

Skill

차수가 낮은 것부터 합, 차의 곱 공식을 쓸 수 있는지 살펴보자!

01 다음을 전개하시오.

(1) $(x-2)(x+2)$

(2) $(x-2)(x+2)(x^2+4)$

(3) $(x-2)(x+2)(x^2+4)(x^4+16)$

02 다음 등식에서 □ 안에 알맞은 수는?

$(a-1)(a+1)(a^2+1)(a^4+1)=a^{\square}-1$

① 4 ② 5 ③ 6
④ 7 ⑤ 8

03 $(1-x)(1+x)(1+x^2)(1+x^4)(1+x^8)=1-x^a$ 일 때, 상수 a의 값을 구하시오.

유형 2 ( )( )( )( ) 꼴의 전개

네 개의 일차식의 곱은

❶ 두 일차식의 상수항의 합이 같아지도록 두 개씩 짝 지어 전개한 후

❷ 공통부분을 한 문자로 놓고 전개한다.

Skill

비슷하게 생긴 일차식이 상수항만 다르면 일단 합이 같아지는 짝꿍부터 찾아야 해.

04 다음 식을 전개하시오.

$x(x-1)(x+2)(x+3)$

05 $(x+1)(x-2)(x+2)(x-1)$을 전개한 식에서 x^4의 계수와 x^2의 계수의 합은?

① -5 ② -4 ③ 5
④ 6 ⑤ 10

06 다음 등식에서 상수 a, b, c, d에 대하여 $a+b+c+d$의 값을 구하시오.

$(x-3)(x-4)(x+3)(x+2)$
$=x^4+ax^3+bx^2+cx+d$

유형 3 곱셈 공식으로 직사각형의 넓이 구하기

❶ 가로의 길이와 세로의 길이를 문자를 사용하여 나타내고
❷ 직사각형의 넓이를 구하는 식을 세운 후
❸ 곱셈 공식을 이용하여 전개한다.

Skill 중간에 길이 있는 도형이 주어지면, 빈 공간을 없앤다고 생각하자.

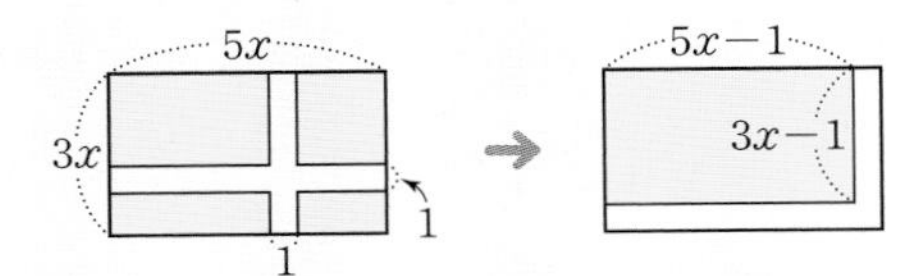

07 오른쪽 그림과 같이 가로의 길이가 $5x$, 세로의 길이가 $7x$인 직사각형에서 가로의 길이는 3만큼 늘리고 세로의 길이는 2만큼 줄였다. 이때 색칠한 직사각형의 넓이를 구하시오.

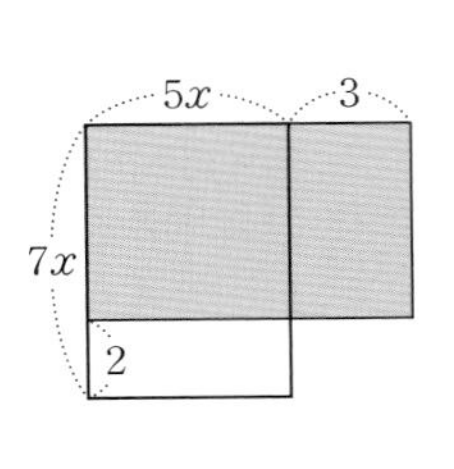

08 오른쪽 그림은 가로의 길이가 $6x$, 세로의 길이가 $4x$인 직사각형 모양의 땅에 폭이 1인 길을 낸 것이다. 길을 제외한 땅의 넓이를 구하시오.

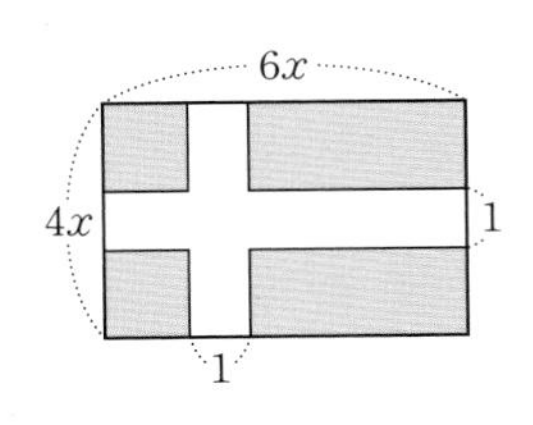

09 오른쪽 그림과 같이 가로의 길이가 $9a$, 세로의 길이가 $5a$인 직사각형 모양의 화단에 폭이 2인 길을 만들었다. 길을 제외한 화단의 넓이를 구하시오.

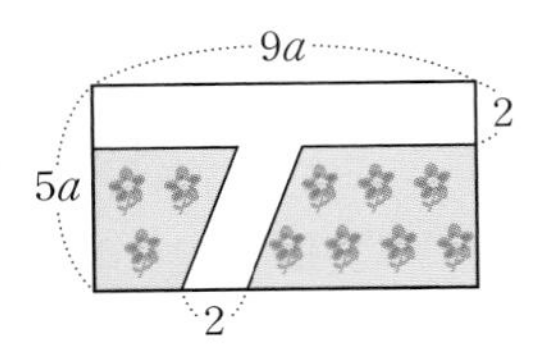

유형 4 $x^2+ax\pm1=0$ 꼴의 변형

$x^2+ax+1=0$ 또는 $x^2+ax-1=0$ $(a\neq0)$ 꼴의 식이 주어지면 $x\neq0$이므로 양변을 x로 나눈다.

- $x^2+ax+1=0$
  ➡ $x+a+\frac{1}{x}=0$ $\quad\therefore x+\frac{1}{x}=-a$
- $x^2+ax-1=0$
  ➡ $x+a-\frac{1}{x}=0$ $\quad\therefore x-\frac{1}{x}=-a$

10 $x^2-4x+1=0$일 때, 다음을 구하시오.

(1) $x+\frac{1}{x}$

(2) $\left(x+\frac{1}{x}\right)^2$

(3) $x^2+\frac{1}{x^2}$

곱셈 공식의 변형을 이용하자.

11 $x^2+3x-1=0$일 때, $x^2+\frac{1}{x^2}$의 값을 구하시오.

12 $x^2+5x+1=0$일 때, $\left(x-\frac{1}{x}\right)^2$의 값을 구하시오.

13 $x^2-2x-1=0$일 때, $x^2-3+\frac{1}{x^2}$의 값은?

① -3 ② -1 ③ 1
④ 2 ⑤ 3

TEST 03

단원 평가

* 다음을 전개하시오. (01 ~ 11)

01 $(2x-3)^2$

02 $(-x+4)^2$

03 $(6x-7)(6x+7)$

04 $(5+x)(5-x)$

05 $(x-7)(x+5)$

06 $(x-4)(x+2)$

07 $(5x-1)(3x+2)$

08 $\left(\frac{1}{2}x-6\right)(4x+1)$

09 $(x+2)^2-(x-3)^2$

10 $(x-4)(x+2)-(x+5)(x-2)$

11 $(x+3)(x-3)(x^2+9)$

12 다음 중 $(a+b)(a-b)=a^2-b^2$을 이용하여 계산하면 편리한 것을 모두 고르면? (정답 2개)

① 97^2　② 10.1^2　③ 58×62
④ 72×75　⑤ 4.1×3.9

* 점수 *

스피드 정답 : 07쪽
친절한 풀이 : 35쪽

13 다음을 계산하시오.

$$(\sqrt{5}-2)^2+(\sqrt{6}+3)(\sqrt{6}-3)$$

* **다음을 구하시오.** (14 ~ 15)

14 $x=\sqrt{15}-3$일 때, x^2+6x-1의 값

15 $x=\dfrac{1}{\sqrt{5}-2}$일 때, x^2-4x+5의 값

16 $a+b=6$, $ab=8$일 때, a^2+b^2의 값은?

① 12　② 14　③ 16
④ 18　⑤ 20

17 $x+\dfrac{1}{x}=5$일 때, $\left(x-\dfrac{1}{x}\right)^2$의 값을 구하시오.

* **다음 식을 주어진 순서에 따라 전개하시오.** (18 ~ 19)

18 $(2a+b-1)^2$

❶ $2a+b=A$로 놓기
➡ ______

❷ ❶ 전개하기
➡ ______

❸ $A=2a+b$를 대입하여 정리하기
➡ ______

19 $(-2x+3+y)(-2x-4+y)$

❶ 공통부분이 보이도록 항의 자리 바꾸기
➡ $(-2x+y+3)(-2x+y-4)$

❷ $-2x+y=A$로 놓기
➡ ______

❸ ❷ 전개하기
➡ ______

❹ $A=-2x+y$를 대입하여 정리하기
➡ ______

20 오른쪽 그림과 같이 가로의 길이가 $9x$, 세로의 길이가 $5x$인 직사각형에서 가로의 길이는 2만큼 늘리고 세로의 길이는 1만큼 줄였다. 이때 색칠한 직사각형의 넓이를 구하시오.

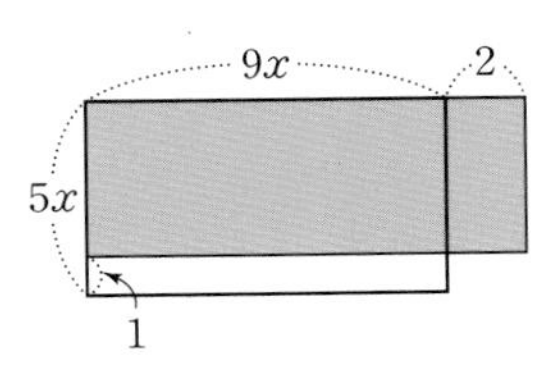

쉬어 가기

스도쿠 게임

*** 게임 규칙**

❶ 모든 가로줄, 세로줄에 각 1에서 9까지의 숫자를 겹치지 않게 배열한다.

❷ 가로, 세로 3칸씩 이루어진 9칸의 격자 안에도 1에서 9까지의 숫자를 겹치지 않게 배열한다.

	8	6	4			7		
2		7	1				4	
5			6					8
	6	2						
					6	9	7	
	9			8			5	4
3				6		2		7
	2		7	1	3			5
		5			4	1	6	

답

1	8	6	4	3	5	7	2	9
2	3	7	1	9	8	5	4	6
5	4	9	6	7	2	3	1	8
4	6	2	9	5	7	8	3	1
8	5	1	3	4	6	9	7	2
7	9	3	2	8	1	6	5	4
3	1	4	5	6	9	2	8	7
6	2	8	7	1	3	4	9	5
9	7	5	8	2	4	1	6	3

Chapter Ⅳ

다항식의 인수분해

keyword

인수분해, 공통인수, 완전제곱식, 인수분해 공식,
복잡한 식의 인수분해

VISUAL IDEA 5

인수분해

Ⓥ 소인수분해와 인수분해

"분해하려는 게 수야, 식이야?"

소인수분해처럼 다항식도 단항식이나 다항식의 곱으로 나타낼 수 있다.

소인수분해는 자연수를 소수들의 곱으로 나타내는 것,
인수분해는 식을 단항식이나 다항식의 곱으로 나타내는 것!

소인수분해

$$12 = 2 \times 2 \times 3 = 2^2 \times 3$$

12를 소인수분해한 곱셈식

➡ 12의 인수 : 1, 2, 3, 4, 6, 12

인수분해

$$x^2 + 6x + 8 = (x+2)(x+4)$$
$$= 1 \times (x^2 + 6x + 8)$$

➡ x^2+6x+8의 인수 : $(x+2)$, $(x+4)$, 1, (x^2+6x+8)

1과 자기 자신도 그 다항식의 인수야!

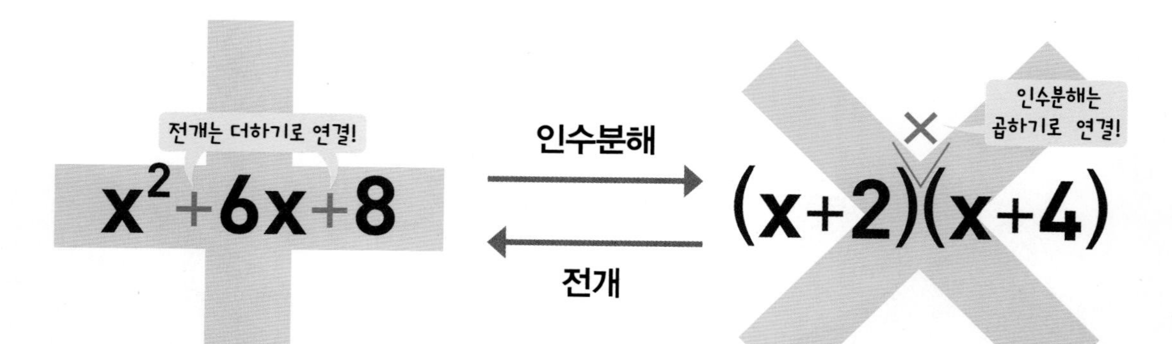

V 인수분해 공식

"곱셈 공식을 거꾸로 한다고 생각하자."

전개된 식을 보고 전개하기 전의 식을 찾는다고 생각하면 기억하기 쉽다.

공통인수 묶기

$$ma+mb \xrightarrow{\text{인수분해}} m(a+b)$$

$$m(a+b) \xrightarrow{\text{전개(분배법칙)}} ma+mb$$

완전제곱식 이용하기

$$a^2+2ab+b^2 \xrightarrow{\text{인수분해}} (a+b)^2$$

$$a^2-2ab+b^2 \xrightarrow{\text{인수분해}} (a-b)^2$$

(역방향: 전개(곱셈 공식))

합·차 공식 이용하기

$$a^2-b^2 \xrightarrow{\text{인수분해}} (a+b)(a-b)$$

(역방향: 전개(곱셈 공식))

이차식의 인수분해

$$x^2+(a+b)x+ab \xrightarrow{\text{인수분해}} (x+a)(x+b)$$

$$acx^2+(ad+bc)x+bd \xrightarrow{\text{인수분해}} (ax+b)(cx+d)$$

(역방향: 전개(곱셈 공식))

ACT 33

인수와 인수분해

인수 : 하나의 다항식을 두 개 이상의 다항식의 곱으로 나타낼 때, 이들 각각의 식

인수분해 : 하나의 다항식을 두 개 이상의 인수의 곱으로 나타내는 것

참고 인수분해와 전개는 서로 반대의 과정이다.

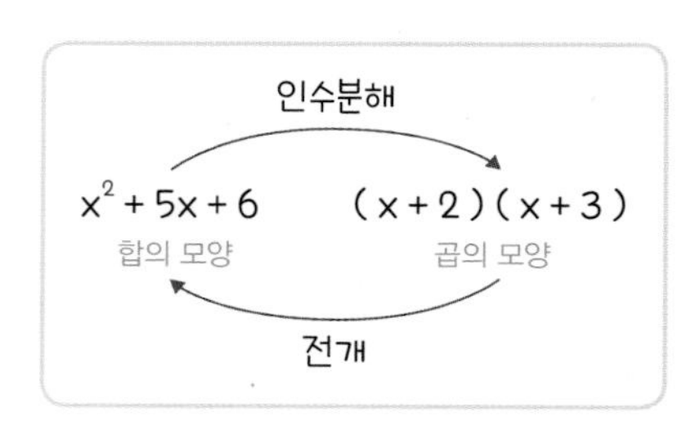

＊ 다음 식은 어떤 다항식을 인수분해한 것인지 구하시오.

01 $(x-1)^2$

다항식을 전개하자!

02 $(x+1)(x+3)$

03 $xy(x-y)$

＊ 다음 식의 인수가 아닌 것을 찾아 ×표를 하시오.

04 $a(a+b)$

1 a b $a+b$ $a(a+b)$

모든 다항식에서 1과 자기 자신도 그 다항식의 인수야.

05 $(a-1)(a-7)$

1 7 $a-1$ $a-7$ $(a-1)(a-7)$

06 $x^2(x-y)$

x x^2 x^2y $x(x-y)$ $x^2(x-y)$

07 $2xy(x+3y)$

2 x $3y$ xy $xy(x+3y)$

08 $xy^2(x-1)$

x y x^2 y^2 $xy(x-1)$

09 $(x+1)^2(x-1)$

$x+1$ $x-1$ $(x+1)(x-1)$ $(x-1)^2$

공통인수를 이용한 인수분해

스피드 정답 : 07쪽
친절한 풀이 : 36쪽

공통인수 : 다항식의 각 항에 공통으로 들어 있는 인수

공통인수를 이용한 인수분해

공통인수가 있으면 분배법칙을 이용하여 공통인수로 묶어 내어 인수분해한다.

$$ma+mb=m(a+b)$$

공통인수

* 다음 식에서 공통인수를 찾아 인수분해하시오.

공통인수는 숫자에서는 최대공약수, 문자에서는 가장 낮은 차수를 찾아.

10 $ax-ay$

공통인수 : ______

인수분해 : ______

11 $mx+my-mz$

공통인수 : ______

인수분해 : ______

12 a^2b+2ab

공통인수 : ______

인수분해 : ______

13 $a^3-a^2b+a^2$

공통인수 : ______

인수분해 : ______

14 $4x^3+8x^2y$

공통인수 : ______

인수분해 : ______

* 다음 식을 인수분해하시오.

15 $x(a+b)+y(a+b)=(a+b)(\square)$

분배법칙을 이용하여 공통인수를 묶어 내자.

16 $a(x+1)+(x+1)$

17 $x(a-b)-y(a-b)$

18 $2(x-3y)-a(x-3y)$

19 $xy(2a-1)-(1-2a)$

20 $x^2(7-x)+y^2(7-x)$

ACT 34

인수분해 공식 1

스피드 정답 : 07쪽
친절한 풀이 : 36쪽

$a^2+2ab+b^2$의 인수분해

$$a^2+2ab+b^2=(a+b)^2$$

예 $x^2 + 6x + 9=(x+3)^2$

x^2 ↓ $2\times x\times 3$ ↓ 3^2

$a^2-2ab+b^2$의 인수분해

$$a^2-2ab+b^2=(a-b)^2$$

예 $x^2 - 10x + 25=(x-5)^2$

x^2 ↓ $2\times x\times 5$ ↓ 5^2

＊ 다음 식을 인수분해하시오.

01 x^2+2x+1

$=x^2+2\times\square\times\square+1^2$

$=(x+\square)^2$

02 $x^2+8x+16$

03 $a^2+14a+49$

04 $9x^2+6x+1$

$=(\square x)^2+2\times\square x\times\square+1^2$

$=(\square x+1)^2$

05 $25a^2+10a+1$

06 $64x^2+16x+1$

07 $x^2+10xy+25y^2$

$=x^2+2\times x\times\square y+(\square y)^2$

$=(x+\square y)^2$

08 $a^2+6ab+9b^2$

09 $a^2+16ab+64b^2$

10 $49x^2+14xy+y^2$

11 x^2-4x+4

$=x^2-2\times\square\times\square+2^2$

$=(x-\square)^2$

12 a^2-2a+1

13 $a^2-18a+81$

14 $x^2-12x+36$

15 $16x^2-8x+1$

$=(\square x)^2-2\times\square x\times\square+\square^2$

$=(\square x-1)^2$

16 $64x^2-16x+1$

17 $9a^2-6a+1$

18 $x^2-8xy+16y^2$

$=x^2-2\times x\times\square y+(\square y)^2$

$=(x-\square y)^2$

19 $36a^2-12ab+b^2$

20 $x^2-x+\frac{1}{4}$

시험에는 이렇게 나온대.

21 완전제곱식으로 인수분해할 수 없는 것을 다음 |보기|에서 고르시오.

|보기|

ㄱ $9a^2-24a+16$

ㄴ $4x^2-12x+9$

ㄷ $81x^2+18xy+y^2$

ㄹ a^2+ab+b^2

ACT 35

완전제곱식이 될 조건

스피드 정답 : 07쪽
친절한 풀이 : 37쪽

완전제곱식 : 다항식의 제곱으로 된 식 또는 이 식에 상수를 곱한 식

x^2+ax+b $(b>0)$가 완전제곱식이 될 조건

- b의 조건 : $x^2+ax+b=\left(x+\frac{a}{2}\right)^2$ ➡ $b=\left(\frac{a}{2}\right)^2$
- a의 조건 : $x^2+ax+b=(x\pm\sqrt{b})^2$ ➡ $a=\pm2\sqrt{b}$

x^2의 계수가 1이 아닐 때, 완전제곱식이 될 조건

➡ $(■x)^2\pm2\times■x\times▲+▲^2=(■x\pm▲)^2$

---

* 다음 식이 완전제곱식이 되도록 □ 안에 알맞은 수를 쓰시오.

01 $x^2+4x+\square$

▶ x^2 + $4x$ + $\square$

$2\times x\times②$ (제곱)

02 $a^2+6a+\square$

03 $a^2-8a+\square$

04 $x^2-16xy+\square y^2$

* 다음 식이 완전제곱식이 되도록 □ 안에 알맞은 양수를 쓰시오.

05 $x^2+\square x+16$

▶ x^2 + $\square x$ + 16

양의 제곱근 ↓ 4, 2배 ↑

06 $a^2-\square a+9$

07 $x^2-\square x+25$

08 $a^2-\square ab+36b^2$

* 다음 식이 완전제곱식이 되도록 □ 안에 알맞은 양수를 쓰시오.

09 $4x^2+12x+\square$

▶ $4x^2 + 12x + \square$

$(2x)^2$ $2\times 2x\times$③ (제곱)

10 $16a^2-40a+\square$

11 $9x^2+6xy+\square$

12 $36a^2-12ab+\square$

13 $4x^2+28xy+\square$

14 $4x^2+\square x+1$

▶ $4x^2 + \square x + 1$

(②$x)^2$ (곱의 2배) ①^2

15 $25a^2+\square ab+b^2$

16 $16x^2-\square xy+y^2$

17 $9x^2+\square xy+4y^2$

시험에는 이렇게 나온대.

18 다음 두 식이 완전제곱식이 되도록 하는 양수 a, b에 대하여 $a-b$의 값을 구하시오.

$$x^2+18x+a \qquad 49x^2-bx+1$$

ACT 36

인수분해 공식 2

스피드 정답 : 07쪽
친절한 풀이 : 37쪽

a^2-b^2의 인수분해

$a^2-b^2=(a+b)(a-b)$ — a^2-b^2: 제곱의 차, $a+b$: 합, $a-b$: 차

예 $x^2-4=(x+2)(x-2)$ (x^2, 2^2)

* 다음 식을 인수분해하시오.

01 $a^2-1=a^2-\square^2$
$=(a+\square)(a-\square)$

02 x^2-25

03 x^2-9

04 a^2-64

05 $x^2-\dfrac{1}{4}$

06 $a^2-\dfrac{1}{36}$

07 $x^2-16y^2=x^2-(\square y)^2$
$=(x+\square y)(x-\square y)$

08 a^2-4b^2

09 x^2-49y^2

10 a^2-81b^2

11 $a^2-\dfrac{1}{100}b^2$

12 $x^2-\dfrac{4}{25}y^2$

13 $4a^2-9b^2=(\square a)^2-(\square b)^2$

$=(2a+\square b)(2a-\square b)$

14 $64x^2-25y^2$

15 $16a^2-49b^2$

16 $81a^2-64b^2$

17 $\frac{1}{9}x^2-\frac{1}{4}y^2$

18 $\frac{1}{64}a^2-\frac{1}{49}b^2$

19 $\frac{4}{9}x^2-\frac{1}{16}y^2$

20 $2a^2-8=\square(a^2-\square)$

$=\square(a^2-\square^2)$

$=\square(a+\square)(a-\square)$

공통인수로 먼저 묶어 내자.

21 $5x^2-5$

22 $6x^2-54$

23 $\frac{1}{3}a^2-\frac{1}{27}$

24 $7x^2-7y^2$

25 $5a^2-80b^2$

26 $\frac{1}{2}x^2-\frac{1}{32}y^2$

ACT 37

인수분해 공식 3

스피드 정답 : 08쪽
친절한 풀이 : 38쪽

$x^2+(a+b)x+ab$의 인수분해

❶ 곱해서 상수항이 되는 두 정수를 찾는다.

❷ ❶의 두 정수 중 그 합이 x의 계수가 되는 두 정수 a, b를 찾는다.

❸ $(x+a)(x+b)$ 꼴로 나타낸다.

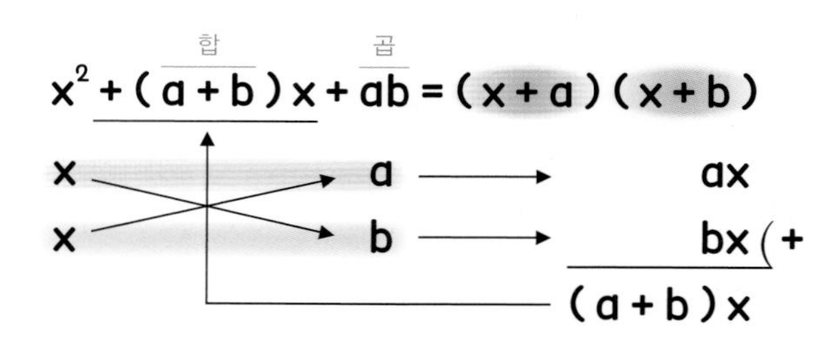

＊ 합과 곱이 다음과 같은 두 정수를 구하시오.

01 합이 3, 곱이 2

▶

곱이 2인 두 정수	두 정수의 합
1, 2	□
□, -2	□

따라서 구하는 두 정수는 □, □이다.

02 합이 7, 곱이 6

03 합이 1, 곱이 -2

04 합이 -4, 곱이 -21

05 합이 5, 곱이 -36

＊ 다음은 다항식을 인수분해하는 과정이다. □ 안에 알맞은 것을 쓰시오.

06 $x^2-5x+6=(x-\square)(x-\square)$

x → □ → □
□ → -3 → □ (+
□

07 $x^2+3x+2=(x+\square)(x+\square)$

x → □ → □
□ → 1 → □ (+
□

08 $x^2+4x-77=(x+\square)(x-\square)$

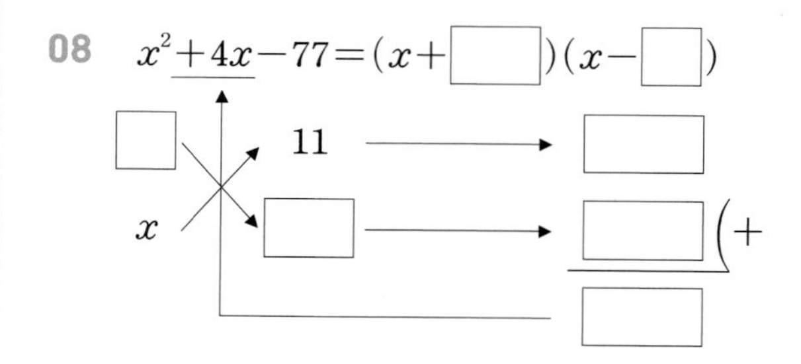

* 다음 식을 인수분해하시오.

09 $x^2+6x+8=(x+\square)(x+\square)$

합이 6, 곱이 8인 두 정수를 찾자.

10 x^2+5x+6

11 $x^2+9x+20$

12 $x^2+13x+42$

13 $x^2-7x+12=(x-\square)(x-\square)$

14 $x^2-10x+24$

15 $x^2-15x+56$

16 $x^2+2x-8=(x-\square)(x+\square)$

17 $x^2+3x-40$

18 $x^2-5x-14$

19 $x^2-3x-18$

20 $x^2+7xy+6y^2$

시험에는 이렇게 나온대.

21 $x^2-8xy+12y^2$이 x의 계수가 1인 두 일차식의 곱으로 인수분해 될 때, 이 두 일차식의 합을 구하시오.

ACT 38

인수분해 공식 4

스피드 정답 : 08쪽
친절한 풀이 : 38쪽

$acx^2+(ad+bc)x+bd$의 인수분해

❶ 곱해서 이차항이 되는 두 식 ax, cx를 세로로 나열한다.

❷ 곱해서 상수항이 되는 두 정수 b, d를 세로로 나열한다.

❸ 대각선 방향으로 곱하여 더한 값이 일차항의 계수가 되는 a, b, c, d를 찾는다.

❹ $(ax+b)(cx+d)$ 꼴로 나타낸다.

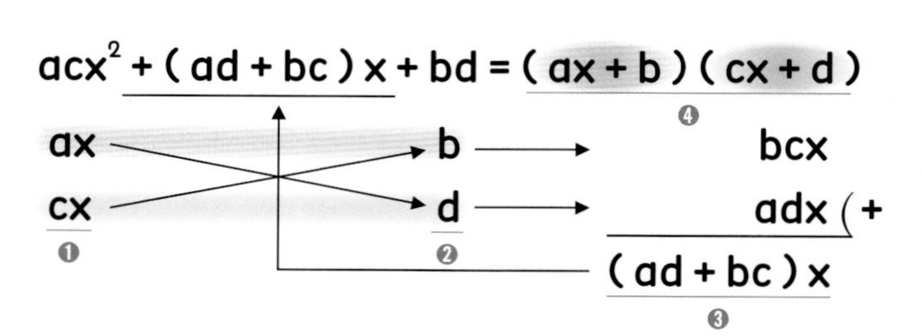

＊ 다음은 다항식을 인수분해하는 과정이다. □ 안에 알맞은 것을 쓰시오.

01 $2x^2-5x-3=(x-\square)(\square+1)$

x / $\square$, $\square$ / 1 → $\square$, $\square$ (+ → $\square$

02 $3x^2+4x+1=(\square+1)(3x+\square)$

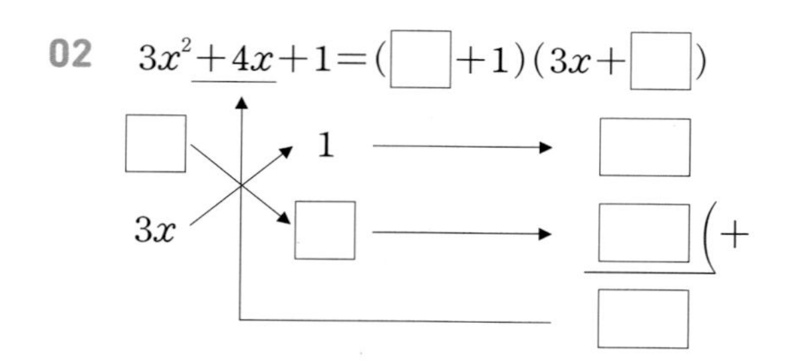

03 $6x^2-x-1=(\square-1)(3x+\square)$

$\square$ / $3x$, $\square$ / 1 → $\square$, $\square$ (+ → $\square$

04 $10x^2+9x-9=(2x+\square)(\square-3)$

$2x$ / $\square$, $\square$ / -3 → $\square$, $\square$ (+ → $\square$

05 $2x^2+9xy+4y^2=(x+\square)(\square+y)$

x / $\square$, $\square$ / y → $\square$, $\square$ (+ → $\square$

06 $9x^2-3xy-2y^2=(3x+\square)(\square-2y)$

$3x$ / $\square$, $\square$ / $-2y$ → $\square$, $\square$ (+ → $\square$

* 다음 식을 인수분해하시오.

07 $2x^2+x-1=(x+\square)(\square x-\square)$

08 $3x^2+8x+4$

09 $9x^2+10x+1$

10 $8x^2-49x+6$

11 $4x^2-9x+5$

12 $5x^2-18x-8$

13 $8x^2+2x-1$

14 $5x^2-8xy-4y^2=(x-\square y)(\square x+2y)$

15 $3x^2+xy-24y^2$

16 $8x^2-xy-9y^2$

17 $2x^2-xy-15y^2$

18 $6x^2+13xy+6y^2$

시험에는 이렇게 나온대.

19 $7x^2-3xy-4y^2=(x+ay)(bx+cy)$일 때, 세 정수 a, b, c에 대하여 $a+b+c$의 값을 구하시오.

ACT 39

인수분해 공식 종합

스피드 정답 : 08쪽
친절한 풀이 : 39쪽

인수분해 공식 1
$a^2+2ab+b^2=(a+b)^2$, $a^2-2ab+b^2=(a-b)^2$

인수분해 공식 2
$a^2-b^2=(a+b)(a-b)$

인수분해 공식 3
$x^2+(a+b)x+ab=(x+a)(x+b)$

인수분해 공식 4
$acx^2+(ad+bc)x+bd=(ax+b)(cx+d)$

* 다음 식을 인수분해하시오.

01 $x^2-8x+16$

02 x^2-100

03 x^2+6x+9

04 x^2-2x-8

05 x^2-16

06 $x^2-12x+35$

07 $x^2+18x+81$

08 $x^2-16x+64$

09 $x^2-5xy+6y^2$

10 $x^2-2xy-15y^2$

11 $x^2-xy-42y^2$

12 $x^2-4xy-45y^2$

13 x^2-25y^2

14 $4x^2-4x+1$

15 $2x^2+5x+3$

16 $9x^2+12x+4$

17 $3x^2-23x+40$

18 $14x^2-13x-12$

19 $25x^2-10xy+y^2$

20 $36x^2-49y^2$

21 $x^2+x+\frac{1}{4}$

22 $x^2-\frac{1}{25}$

23 $x^2-\frac{2}{3}xy+\frac{1}{9}y^2$

24 $\frac{1}{16}x^2-\frac{64}{81}y^2$

ACT+ 40

필수 유형 훈련

스피드 정답 : 08쪽
친절한 풀이 : 40쪽

유형 1 근호 안이 완전제곱식으로 인수분해되는 식

❶ 근호 안의 식을 완전제곱식으로 인수분해한다.

❷ $\sqrt{a^2}=\begin{cases} a(a\geq0) \\ -a(a<0) \end{cases}$임을 이용하여 근호를 벗긴다.

Skill

$\sqrt{\ }$를 벗길 때 부호에 주의하자. 음수일 땐 −를 붙여서!

01 다음은 $-1<x<2$일 때, 인수분해를 이용하여 $\sqrt{x^2+2x+1}+\sqrt{x^2-4x+4}$를 간단히 하는 과정이다. □ 안에 알맞은 것을 쓰시오.

> $-1<x<2$에서 $x+1>0$, $x-2<0$이므로
> $\sqrt{x^2+2x+1}+\sqrt{x^2-4x+4}$
> $=\sqrt{(\square)^2}+\sqrt{(\square)^2}$
> $=\square-(\square)=\square$

02 $0<x<3$일 때, $\sqrt{x^2}+\sqrt{x^2-6x+9}$를 간단히 하시오.

03 $-4<x<1$일 때, $\sqrt{x^2-2x+1}-\sqrt{x^2+8x+16}$을 간단히 하시오.

유형 2 두 다항식의 공통인수 구하기

❶ 두 다항식을 각각 인수분해한다.

❷ 공통으로 들어 있는 인수를 찾는다.

Skill

공통인수가 그냥 바로 보이지는 않아. 각각 인수분해해야 똑같이 들어있는 인수가 보이지.

04 두 다항식 $-3a-3b$, a^2b+ab^2의 공통인수는?

① $a-b$ ② ab ③ $a+b$
④ $b-a$ ⑤ a^2b

05 다음 두 다항식의 공통인수는?

> $x^2+2x-15$ $2x^2-7x+3$

① $x-3$ ② $x-1$ ③ $x+5$
④ $2x-1$ ⑤ $2x+1$

06 다음 두 다항식의 공통인수가 $ax+b$일 때, 정수 a, b에 대하여 $a+b$의 값은? (단, $a>0$)

> $6x^2+x-1$ $15x^2+x-2$

① -2 ② -1 ③ 0
④ 1 ⑤ 2

유형 3 인수가 주어졌을 때 미지수의 값 구하기

• 이차식 ax^2+bx+c가 $mx+n$을 인수로 가지면?

➡ $ax^2+bx+c=(mx+n)(■x+▲)$

주어진 인수 나머지 인수

• 다항식이 $mx+n$을 인수로 가지면?

➡ 다항식을 $mx+n$으로 나누면 나누어떨어진다.

Skill

문자로 나누어떨어지는 나눗셈을 하는 거야. 나누는 수도, 나눠지는 수도, 몫도 모두 문자식인 거지!

07 $2x^2-ax-12$가 $x-4$를 인수로 가질 때, 상수 a의 값은?

① 1 ② 3 ③ 5
④ 7 ⑤ 9

08 $3x^2+17x+b$가 $3x-4$로 나누면 나누어떨어질 때, 상수 b의 값은?

① -30 ② -28 ③ -20
④ -12 ⑤ -6

09 $5x^2-axy-4y^2$이 $5x+2y$를 인수로 가질 때, 다음 중 이 다항식의 인수인 것은? (단, a는 상수)

① $2x-y$ ② $2x+y$ ③ $x-2y$
④ $x+y$ ⑤ $x+2y$

유형 4 바르게 인수분해하기

❶ 잘못 인수분해한 식을 전개하여 제대로 본 x^2의 계수, x의 계수, 상수항을 각각 구한다.

❷ ❶을 이용하여 처음 이차식을 구한다.

❸ ❷의 이차식을 인수분해한다.

Skill

차근차근 순서대로 하면 어렵지 않아. 처음 식을 구하고, 다시 인수분해하자!

10 이차식 x^2+ax+b를 수진이는 x의 계수를 잘못 보아 $(x+2)(x+3)$으로 인수분해하였고, 정은이는 상수항을 잘못 보아 $(x-2)(x+9)$로 인수분해하였다. 다음 물음에 답하시오. (단, a, b는 상수)

(1) 수진이가 본 a, b의 값을 각각 구하시오.

(2) 정은이가 본 a, b의 값을 각각 구하시오.

(3) 처음 이차식을 바르게 인수분해하시오.

11 x^2의 계수가 1인 어떤 이차식을 성훈이는 x의 계수를 잘못 보아 $(x-1)(x+8)$로 인수분해하였고, 유진이는 상수항을 잘못 보아 $(x-4)(x+6)$으로 인수분해하였다. 다음 물음에 답하시오.

(1) 처음 이차식을 구하시오.

(2) 처음 이차식을 바르게 인수분해하시오.

VISUAL IDEA 6

복잡한 식의 인수분해

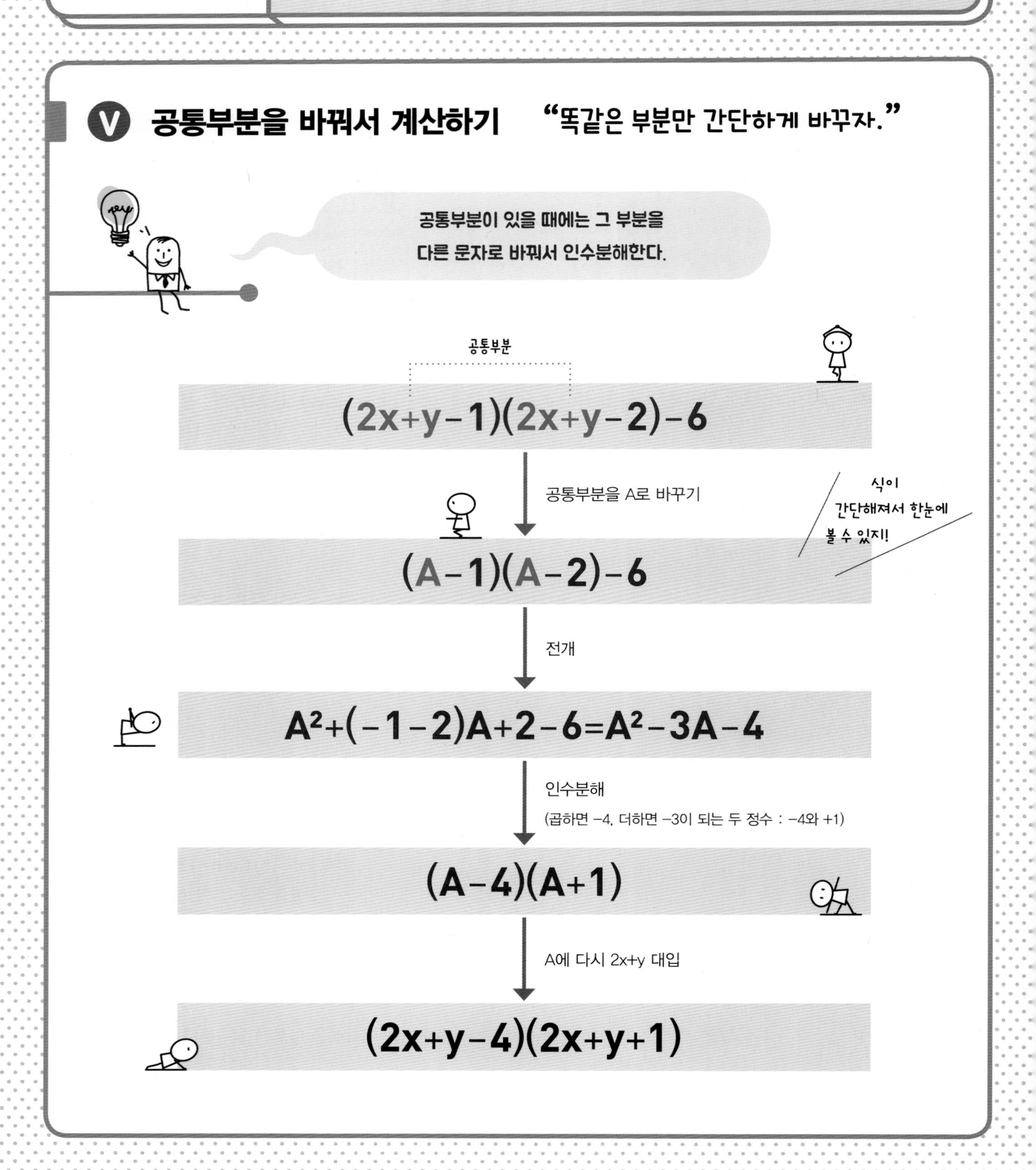

Ⅴ 내림차순으로 정리하기 "한 문자에 대해 줄을 세우자."

문자가 여러 개일 때에는 차수가 가장 낮은 한 문자에 대하여
내림차순으로 정리한 후 인수분해한다.

$$a^2-ab-4a+5b-5$$

↓ 문자 a는 2차, b는 1차이므로
차수가 낮은 문자 b에 대하여 내림차순으로 정리

문자 a는 상수라고 생각해!

$$-ab+5b+a^2-4a-5=\underbrace{(-a+5)b}_{\text{문자 b에 대한 일차항}}+\underbrace{(a^2-4a-5)}_{\text{문자 b에 대한 상수항}}$$

↓ 문자 b에 대한 상수항인 a^2-4a-5의 인수분해

합 곱

$$(-a+5)b+(a^2-4a-5)=(-a+5)b+(a-5)(a+1)$$

↓ −를 밖으로 빼서 공통인수 찾기

$$-(a-5)b+(a-5)(a+1)$$

↓ 공통인수로 묶어 식 정리하기

$$-(a-5)b+(a-5)(a+1)$$

$$=\underbrace{(a-5)}_{\text{공통인수}}\underbrace{\{-b+(a+1)\}}_{\text{공통인수를 제외한 나머지 모든 인수}}$$

$$=(a-5)(a-b+1)$$

ACT 41

복잡한 식의 인수분해 1

공통인수가 있는 경우

❶ 공통인수가 있으면 공통인수로 묶어 낸다.

❷ 인수분해 공식을 이용하여 인수분해 한다.

참고 다항식을 인수분해할 때에는 공통인수를 빠짐없이 모두 묶어 낸 후 괄호 안의 식을 인수분해해야 한다.

예 x^3+4x^2+4x

$=x(x^2+4x+4)$ ← 공통인수로 묶어 내기

$=x(x+2)^2$ ← 인수분해 공식 이용하기

＊ 다음 식을 인수분해하시오.

01 x^3+2x^2-3x

$=x(x^2+\square x-3)$

$=x(x-\square)(x+\square)$

02 $a^2b-2ab+b$

03 x^3-10x^2+25x

04 $3a^3-12a$

05 $a^3b-36ab$

06 x^3-8x^2+7x

07 $-x^2+xy+6y^2$ — $-$를 괄호 앞으로 묶자.

$=-(x^2-xy-6y^2)$

$=-(x-\square y)(x+\square y)$

08 $-14a^2+13ab+12b^2$

09 $-xy^2+4xy+21x$

10 $-a^3+11a^2b-18ab^2$

11 $(a+2)x^2+6(a+2)x+9(a+2)$

스피드 정답 : 08쪽
친절한 풀이 : 40쪽

공통부분이 있는 복잡한 식의 인수분해 1

❶ 공통부분이 있으면 공통부분을 한 문자 A로 놓는다.
❷ 인수분해 공식을 이용하여 인수분해한다.
❸ A에 원래의 식을 대입하여 정리한다.

예 $(x-1)^2-(x-1)-6$
$=A^2-A-6$ ($x-1=A$로 놓기)
$=(A+2)(A-3)$ (인수분해)
$=(x-1+2)(x-1-3)$ ($A=x-1$을 대입)
$=(x+1)(x-4)$ (정리)

＊ 다음 식을 인수분해하시오.

12 $(x+1)^2+2(x+1)+1$
$=A^2+2A+1$ ($x+1=A$로 놓기)
$=$ ________ (인수분해)
$=$ ________ ($A=x+1$을 대입)
$=$ ________ (정리)

13 $(a-b)^2-20(a-b)+100$
$=A^2-20A+100$ ($a-b=A$로 놓기)
$=$ ________ (인수분해)
$=$ ________ ($A=a-b$를 대입)

14 $(a+2b)^2+5(a+2b)+6$
$=$ ________ ($a+2b=A$로 놓기)
$=$ ________ (인수분해)
$=$ ________ ($A=a+2b$를 대입)

15 $(x-y)^2+18(x-y)+81$

16 $(x+3y)^2+6(x+3y)+8$

17 $(2x-3)^2-6(2x-3)-16$

18 $3(x-2y)^2-4(x-2y)-4$

시험에는 이렇게 나온대.

19 $(x+2)^2-4(x+2)+3$을 인수분해하면 $(ax+b)(x+1)$일 때, 상수 a, b에 대하여 $a+b$의 값을 구하시오.

ACT 42

복잡한 식의 인수분해 2

스피드 정답 : 09쪽
친절한 풀이 : 41쪽

공통부분이 있는 복잡한 식의 인수분해 2

❶ 공통부분이 2개인 경우에는 각각 다른 문자로 놓는다.
❷ 인수분해 공식을 이용하여 인수분해한다.
❸ 문자로 놓은 부분에 원래의 식을 각각 대입하여 정리한다.

예 $(x+1)^2-(y-1)^2$
$=A^2-B^2$ ($x+1=A$, $y-1=B$로 놓기)
$=(A+B)(A-B)$ (인수분해)
$=(x+1+y-1)\{x+1-(y-1)\}$ ($A=x+1$, $B=y-1$을 대입)
$=(x+y)(x-y+2)$ (정리)

* 다음 식을 인수분해하시오.

01 $(a+b)(a+b+6)+9$
$=A(A+6)+9$ ($a+b=A$로 놓기)
$=A^2+6A+9$ (전개)
$=$ ______ (인수분해)
$=$ ______ ($A=a+b$를 대입)

02 $(x-y)(x-y-4)-12$

03 $(7x-2y)(7x-2y-12)+36$

04 $(3a-b)(3a-b-2)-24$

05 $(x+1)^2-y^2$
$=A^2-y^2$ ($x+1=A$로 놓기)
$=$ ______ (인수분해)
$=$ ______ ($A=x+1$을 대입하여 정리)

06 $(2x+5)^2-4y^2$

07 $x^2-(y-2)^2$

08 $25a^2-(b+2)^2$

09 $(x+2)^2-16$

10 $(x+6)^2-(y+1)^2$

$=A^2-B^2$ ← $x+6=A$, $y+1=B$로 놓기

$=$ ______ ← 인수분해

$=$ ______ ← $A=x+6$, $B=y+1$을 대입

$=$ ______ ← 정리

11 $(a-2)^2-(b-5)^2$

12 $(2x+1)^2-(x-3)^2$

13 $(3x+2y)^2-(2x-y)^2$

14 $4(x-4)^2-25(y+3)^2$

15 $49(2a-3b)^2-16(a+b)^2$

16 $(x+1)^2-4(x+1)(y-2)+4(y-2)^2$

$=A^2-4AB+4B^2$ ← $x+1=A$, $y-2=B$로 놓기

$=$ ______ ← 인수분해

$=$ ______ ← $A=x+1$, $B=y-2$를 대입

$=$ ______ ← 정리

17 $(x+3)^2+5(x+3)(y-4)+6(y-4)^2$

18 $6(a+3)^2-13(a+3)(b-2)-28(b-2)^2$

19 $(3x+5y)^2-14(3x+5y)(x-y)-32(x-y)^2$

시험에는 이렇게 나온다.

20 $(x-3y)(x-3y+3)-10$이 x의 계수가 1인 두 일차식의 곱으로 인수분해 될 때, 두 일차식의 합을 구하시오.

ACT 43

복잡한 식의 인수분해 3

항이 4개인 경우 1 _ 두 항씩 묶기

공통인수가 생기도록 (2항)+(2항)으로 묶는다.

❶ 공통인수가 생기도록 두 항씩 묶는다.

❷ 공통인수를 찾는다.

❸ 인수분해를 한다.

예 $xy-x-y+1$
$=(xy-x)-(y-1)$ (2항)+(2항)으로 묶기
$=x(y-1)-(y-1)$ 공통인수 찾기
$=(y-1)(x-1)$ 인수분해

* 다음 식을 인수분해하시오.

01 $ab+a+b+1$
$=a(\square)+\square$
$=(\square)(a+1)$

02 $xy+x+2y+2$

03 x^3-x^2+x-1

04 $ab-5b+5-a$

05 x^2y-x^2+y-1

06 $ab+a+8b+8$

07 $xy-7x+7-y$

08 $xy-2x-2y+4$

09 $a^2+ab+a+b$

10 x^3-6x^2-x+6

스피드 정답 : 09쪽
친절한 풀이 : 42쪽

항이 4개인 경우 2 _ ($)^2-($ $)^2$ 꼴

(1항)+(3항) 또는 (3항)+(1항)으로 묶어 A^2-B^2 꼴로 변형한다.

❶ (3항)+(1항)으로 묶는다.

❷ 3개의 항을 완전제곱식으로 나타내어 A^2-B^2 꼴로 변형한다.

❸ 인수분해를 한다.

예 $x^2+2x+1-y^2$

$=(x^2+2x+1)-y^2$ (3항)+(1항)으로 묶기

$=(x+1)^2-y^2$ A^2-B^2 꼴로 변형

$=(x+y+1)(x-y+1)$ 인수분해

* 다음 식을 인수분해하시오.

11 $x^2+6x+9-y^2$

$=(\square)^2-y^2$

$=(x+y+3)(\square)$

12 $a^2-10a+25-b^2$

13 $x^2-14x+49-y^2$

14 $a^2-12a+36-b^2$

15 $x^2-2x+1-y^2$

16 a^2-b^2-6b-9

$=a^2-(\square)^2$

$=(a+\square)(\square)$

17 $x^2-y^2+16y-64$

18 x^2-y^2-4y-4

19 $a^2-b^2+18b-81$

20 $c^2-a^2-2ab-b^2$

ACT 44

인수분해 공식을 이용한 수의 계산

인수분해 공식을 이용할 수 있도록 수의 모양을 바꾸어 계산한다.

- $ma+mb=m(a+b)$ 이용 — 예 $15\times9-15\times7=15(9-7)=15\times2=30$
- $a^2-b^2=(a+b)(a-b)$ 이용 — 예 $85^2-5^2=(85+5)(85-5)=90\times80=7200$
- $a^2\pm2ab+b^2=(a\pm b)^2$ 이용 — 예 $97^2+2\times97\times3+3^2=(97+3)^2=100^2=10000$

＊ 인수분해 공식을 이용하여 다음을 계산하시오.

01 $25\times12+25\times18$

$=25(\square+18)$

$=\square\times\square$

$=\square$

02 47^2-3^2

$=(47+\square)(47-\square)$

$=\square\times\square$

$=\square$

03 $102^2-2\times102\times2+2^2$

$=(102-\square)^2$

$=\square^2$

$=\square$

04 $29\times43-29\times13$

05 $15\times3.8-15\times2.4$

06 59^2-11^2

07 $34^2+2\times34\times6+6^2$

08 $6.2^2-2\times6.2\times0.2+0.2^2$

인수분해 공식을 이용한 식의 값 _한 수가 주어진 경우

스피드 정답 : 09쪽
친절한 풀이 : 43쪽

주어진 식을 인수분해한 후 식의 문자에 수를 대입하여 식의 값을 구한다.
이때 주어진 수가 복잡하면 주어진 수를 먼저 간단히 한다.

예 $x=88$일 때, x^2+4x+4의 값 ➡ x^2+4x+4
$=(x+2)^2$ (인수분해)
$=(88+2)^2$ ($x=88$을 대입)
$=90^2=8100$

* 인수분해 공식을 이용하여 다음 식의 값을 구하시오.

09 $x=5-\sqrt{3}$일 때, $x^2-10x+25$

▶ $x^2-10x+25$
$=(x-\square)^2$ (인수분해)
$=(5-\sqrt{3}-\square)^2$ ($x=5-\sqrt{3}$을 대입)
$=(\square)^2=\square$

10 $x=62$일 때, x^2-4x+4

11 $x=56$일 때, $x^2-2x-24$

12 $x=2+\sqrt{5}$일 때, $x^2+3x-10$

13 $x=95$, $y=15$일 때, x^2-y^2

14 $x=2+\sqrt{3}$, $y=2-\sqrt{3}$일 때, $x^2+2xy+y^2$

15 $x=\dfrac{2}{\sqrt{3}-1}$일 때, x^2+7x-8

x의 분모를 먼저 유리화하자.

16 $x=\dfrac{1}{\sqrt{5}+2}$, $y=\dfrac{1}{\sqrt{5}-2}$일 때, x^2-y^2

17 $x=\dfrac{1}{\sqrt{6}+\sqrt{5}}$, $y=\dfrac{1}{\sqrt{6}-\sqrt{5}}$일 때, x^3y-xy^3

ACT+ 45

필수 유형 훈련

스피드 정답 : 09쪽
친절한 풀이 : 43쪽

유형 1 식의 값 _ 합, 차가 주어진 경우

❶ 인수분해 공식을 이용하여 식을 간단히 한다.
❷ 주어진 값을 대입하여 식의 값을 구한다.

01 $x+y=4$, $x-y=2$일 때, 다음 식의 값을 구하시오.

(1) x^2-y^2

(2) $x^2+2x+1-y^2$

02 $x+y=\sqrt{6}$, $x-y=\sqrt{3}$일 때, $2x^2-2y^2$의 값을 구하시오.

03 $x+y=-5$, $x-y=\sqrt{3}$일 때, $x^2-y^2+6x-6y$의 값은?

① -3 ② $-2\sqrt{3}$ ③ $\sqrt{3}$
④ $2\sqrt{3}$ ⑤ 3

유형 2 인수분해의 도형에의 활용

❶ 도형의 넓이 또는 부피 구하는 공식을 이용하여 식을 세운다.
❷ 인수분해하여 다항식의 곱으로 나타낸다.

04 넓이가 $81a^2-16$인 직사각형이 있다. 이 직사각형의 세로의 길이가 $9a-4$일 때, 직사각형의 둘레의 길이를 구하시오.

05 다음 그림과 같은 사다리꼴의 넓이가 $2a^2+11a+15$일 때, 이 사다리꼴의 높이를 구하시오.

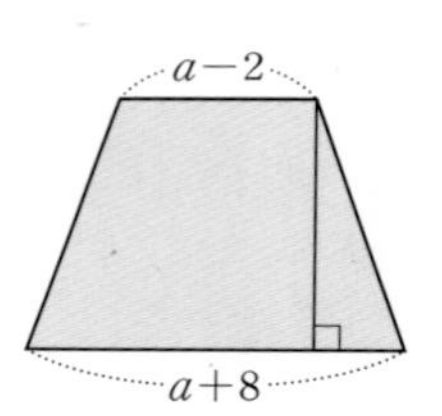

06 오른쪽 그림은 한 변의 길이가 $x+7$인 정사각형에서 한 변의 길이가 3인 정사각형을 잘라내고 남은 도형이다. 이 도형과 넓이가 같은 직사각형의 가로의 길이가 $x+4$일 때, 세로의 길이를 구하시오.

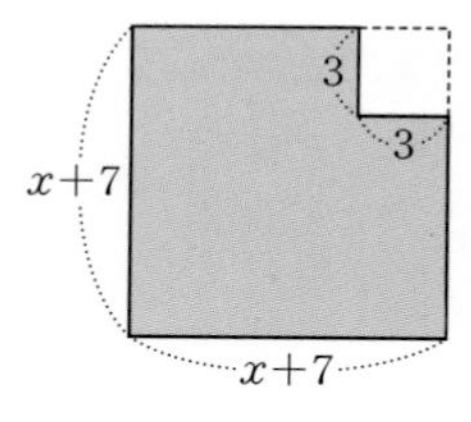

유형 3 복잡한 식의 인수분해_항이 5개 이상인 경우

• 문자가 여러 개이고 차수가 다르면? 차수가 가장 낮은 문자에 대하여 내림차순으로 정리한다.

• 문자가 여러 개이고 차수가 같으면? 어느 한 문자에 대하여 내림차순으로 정리한다.

Skill

순서대로 차근차근 해결하면 더 이상 복잡하지 않아!

❶ 몇 종류의 문자가 있는지 확인하고, ❷ 각 문자별로 차수를 확인하고,

❸ 가장 낮은 차수의 문자에 대해 내림차순으로 정리하고, ❹ 인수분해 하자.

07 다음 식을 인수분해하시오.

(1) $x^2+xy+4x+2y+4$

$=xy+2y+x^2+4x+4$ (y에 대하여 내림차순으로 정리)

$=y(x+2)+(\quad\quad)^2$

$=(\quad\quad)(\quad\quad)$

(2) $x^2+y^2+2xy+2xz+2yz$

$=2xz+2yz+x^2+2xy+y^2$ (z에 대하여 내림차순으로 정리)

$=2z(\quad\quad)+(\quad\quad)^2$

$=(\quad\quad)(\quad\quad)$

(3) $a^2+6b^2+5ab-a-2b$

$=a^2+5ab-a+6b^2-2b$ (a에 대하여 내림차순으로 정리)

$=a^2+a(\quad\quad)+2b(\quad\quad)$

$=(\quad\quad)(\quad\quad)$

08 다음 식을 인수분해하시오.

$$a^2+ab-3a+b-4$$

09 다음 중 $x^2+xy+8x+4y+16$의 인수를 모두 고르면? (정답 2개)

① $x+2$ ② $x+4$ ③ $x-y-4$
④ $x+y-4$ ⑤ $x+y+4$

10 $a^2+4b^2-4ab+ac-2bc$를 인수분해하시오.

11 $x^2+2y^2-3xy-3x+6y$를 인수분해하면 $(x+ay)(x+by+c)$일 때, 상수 a, b, c에 대하여 $a+b+c$의 값을 구하시오.

TEST 04

단원 평가

01 다음 식에 대한 설명 중 옳지 않은 것은?

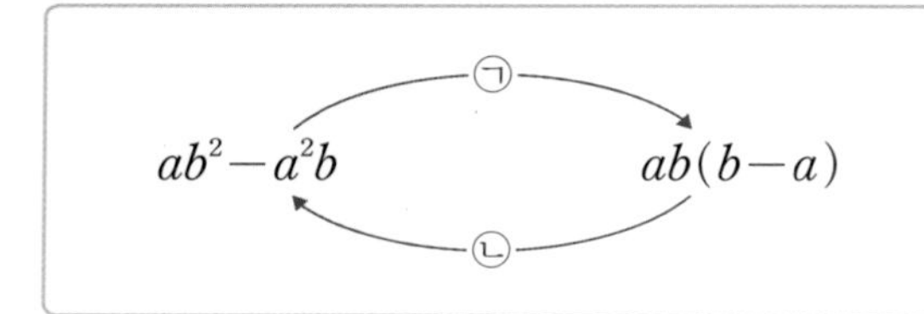

① ab^2, $-a^2b$의 공통인수는 ab이다.
② ㉠의 과정은 인수분해한다고 한다.
③ ㉡의 과정은 전개한다고 한다.
④ ㉡의 과정에서 분배법칙을 이용한다.
⑤ ab^2-a^2b는 완전제곱식이다.

*** 다음 식을 인수분해하시오. (02 ~ 04)**

02 xy^3-2xy^2

03 $ax+ay+az$

04 $36x^2+60xy+25y^2$

*** 다음 식이 완전제곱식이 되도록 □ 안에 알맞은 양수를 쓰시오. (05 ~ 06)**

05 $x^2+22x+\square$

06 $36x^2-\square x+1$

*** 다음 식을 인수분해하시오. (07 ~ 10)**

07 x^2-36

08 $\frac{1}{3}x^2-\frac{1}{12}y^2$

09 $x^2+3xy-10y^2$

10 $3x^2+5xy+2y^2$

점수

스피드 정답 : 09쪽
친절한 풀이 : 44쪽

11 다음 두 다항식의 공통인수는?

$-2x-2y$	$xy+y^2$

① xy ② $x+y$ ③ $x-y$
④ y^2 ⑤ 2

* **다음 식을 인수분해하시오.** (12 ~ 19)

12 x^3+16x^2+64x

13 $(x-1)^2-6(x-1)+9$

14 $xy+3x+y+3$

15 $a^3b-a^2b-12ab$

16 $(x+y)(x+y-1)-6$

17 a^3-5a^2+a-5

18 $(x+2)^2-(y-3)^2$

19 $x^2+4x+4-y^2$

20 $x=\sqrt{2}-7$일 때, $x^2+14x+49$의 값은?

① 2 ② 4 ③ 7
④ 25 ⑤ 49

쉬어 가기

스도쿠 게임

*** 게임 규칙**

❶ 모든 가로줄, 세로줄에 각 1에서 9까지의 숫자를 겹치지 않게 배열한다.

❷ 가로, 세로 3칸씩 이루어진 9칸의 격자 안에도 1에서 9까지의 숫자를 겹치지 않게 배열한다.

7	1			4		9		8
2	3	9				4		1
	4	8				5	3	
		1				7	8	
8	6		2			3	1	
	9	7	6		1			
9	5	6	1			8		7
1	7		8	9	4			
4	8					1	9	3

답

7	1	5	3	4	2	9	6	8
2	3	9	5	6	8	4	7	1
6	4	8	9	1	7	5	3	2
5	2	1	4	3	9	7	8	6
8	6	4	2	7	5	3	1	9
3	9	7	6	8	1	2	5	4
9	5	6	1	2	3	8	4	7
1	7	3	8	9	4	6	2	5
4	8	2	7	5	6	1	9	3

연산을 잡아야 수학이 쉬워진다!

기적의 중학연산

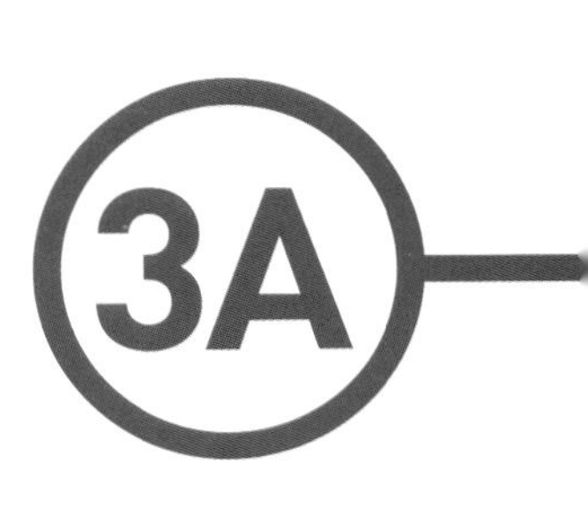

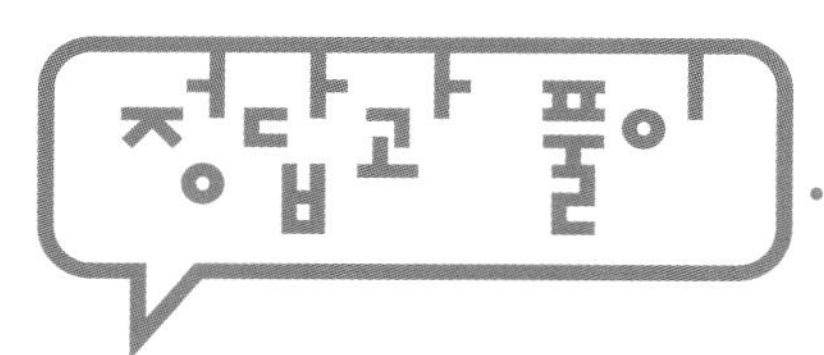
정답과 풀이

스피드 정답

스피드 정답은 각 문제의 정답만을 모아 놓아 채점하기에 유용합니다.

Chapter Ⅰ 제곱근과 실수

ACT 01
014~015쪽

- 01 $2, -2$
- 02 $10, -10$
- 03 $0.4, -0.4$
- 04 $1.2, -1.2$
- 05 $\frac{1}{3}, -\frac{1}{3}$
- 06 $\frac{7}{13}, -\frac{7}{13}$
- 07 $5, -5$
- 08 $9, -9$
- 09 $0.6, -0.6$
- 10 $1.6, -1.6$
- 11 $\frac{3}{8}, -\frac{3}{8}$
- 12 $\frac{1}{12}, -\frac{1}{12}$
- 13 $16, 16, 4, -4$
- 14 $64, 64, 8, -8$
- 15 $0.49, 0.49, 0.7, -0.7$
- 16 $\frac{25}{9}, \frac{25}{9}, \frac{5}{3}, -\frac{5}{3}$
- 17 $1, -1$
- 18 0
- 19 없다.
- 20 $0.8, -0.8$
- 21 $\frac{4}{11}, -\frac{4}{11}$
- 22 ①

ACT 02
016~017쪽

- 01 $\pm\sqrt{13}$
- 02 $\pm\sqrt{41}$
- 03 $\pm\sqrt{2.7}$
- 04 없다.
- 05 $\pm\sqrt{\frac{5}{21}}$
- 06 $16, 4$
- 07 -5
- 08 ± 1.1
- 09 $\frac{5}{9}$
- 10 $-\frac{7}{12}$
- 11 $5, -5$ / $3, -3$ / $\frac{1}{9}, -\frac{1}{9}$ / $\frac{25}{121}, -\frac{25}{121}$
- 12 (1) $\sqrt{11}$ (2) $\pm\sqrt{11}$ (3) $\sqrt{11}$ (4) $-\sqrt{11}$
- 13 (1) $\sqrt{19}$ (2) $\pm\sqrt{19}$ (3) $\sqrt{19}$ (4) $-\sqrt{19}$
- 14 (1) $\sqrt{30}$ (2) $\pm\sqrt{30}$ (3) $\sqrt{30}$ (4) $-\sqrt{30}$
- 15 $\sqrt{41}$
- 16 $\sqrt{65}$
- 17 $\sqrt{72}$
- 18 -4

ACT 03
018~019쪽

- 01 3
- 02 0.1
- 03 7
- 04 -0.9
- 05 $-\frac{14}{15}$
- 06 -0.7
- 07 $\frac{1}{4}$
- 08 4.3
- 09 $\frac{11}{13}$
- 10 -9
- 11 -20
- 12 $-\frac{7}{6}$
- 13 $>, 3a$
- 14 $2a$
- 15 $-4a$
- 16 $<, -4a$
- 17 $-3a$
- 18 $5a$
- 19 $a, -a$
- 20 $6a, -6a$
- 21 $a, -a$
- 22 $2a, -2a$
- 23 $-4a, 4a$
- 24 $-10a, 10a$

ACT 04
020~021쪽

- 01 $5, 7, 12$
- 02 23
- 03 1
- 04 $2, 4, -2$
- 05 9
- 06 -2.5
- 07 $3, 2, 6$
- 08 42
- 09 22
- 10 $10, 2, 5$
- 11 3
- 12 18
- 13 $2a, 5a, 7a$
- 14 $7a$
- 15 $13a$
- 16 $-7a$
- 17 $3a$
- 18 $-49a$
- 19 $-11a$
- 20 $-2a, -4a, -6a$
- 21 $-9a$
- 22 $-7a$
- 23 $-2a$
- 24 $-a$
- 25 $-15a$
- 26 $26a$

ACT 05
022~023쪽

- 01 2
- 02 21
- 03 $2, 5$ / 5 / 5
- 04 5
- 05 15
- 06 5
- 07 22
- 08 $2, 3$ / 3 / 3
- 09 10
- 10 2
- 11 14 / $16, 2$ / 2
- 12 6
- 13 9
- 14 8
- 15 10 / $9, 1$ / 1
- 16 4
- 17 6
- 18 ③

ACT 06
024~025쪽

- 01 $<, <, <$
- 02 $>$
- 03 $>$
- 04 $<$
- 05 $>$
- 06 $<, >, >, <$
- 07 $<$
- 08 $>$
- 09 $<$
- 10 $<$
- 11 $>, >, >$
- 12 $>$
- 13 $<$
- 14 $>$
- 15 $<$
- 16 $>$
- 17 $\sqrt{\frac{1}{6}}, \frac{1}{4}, -\sqrt{5}, -3$
- 18 $\sqrt{13}, 2, -\frac{1}{5}, -\sqrt{\frac{1}{7}}$
- 19 $6, \sqrt{\frac{25}{4}}, -\sqrt{3}, -\sqrt{\frac{9}{2}}$
- 20 ②

ACT 07
028~029쪽

01 무
02 유
03 무
04 유
05 무
06 유
07 ○
08 ×
09 ○
10 ×
11 ○
12 1.015
13 1.149
14 1.241
15 1.265
16 1.389
17 6.11
18 6.4
19 5.61
20 6.44
21 6.03

ACT 08
030~031쪽

01 $\sqrt{10}$, $\sqrt{10}$, $\sqrt{10}$, $-\sqrt{10}$
02 $\sqrt{13}$
03 $2+\sqrt{5}$
04 $1-\sqrt{8}$
05 $\sqrt{2}$, $1-\sqrt{2}$
06 $1+\sqrt{2}$, $2-\sqrt{2}$
07 $-3+\sqrt{2}$, $-2-\sqrt{2}$
08 $-1-\sqrt{2}$, $2+\sqrt{2}$
09 $1-\sqrt{2}$, $1+\sqrt{2}$
10 $-3-\sqrt{5}$, $-3+\sqrt{5}$
11 $3-\sqrt{10}$, $3+\sqrt{10}$

ACT 09
032~033쪽

01 ×
02 ○
03 ○
04 ×
05 9, 16, $<$, $<$, B
06 C
07 A
08 $<$, $<$, $<$
09 $>$
10 $>$
11 $<$
12 $>$
13 $<$
14 $>$
15 $>$, $>$
16 $<$
17 $>$
18 $>$
19 $>$
20 $<$

ACT+ 10
034~035쪽

01 $x-2$, $-x+2$ / $\geq$, $x-2$ / $<$, $-x+2$
02 $x+7$, $-x-7$
03 $-x-11$, $x+11$
04 $-a+b$, $a-b$
05 (1) $>$, $1-a$ (2) $a-1$ (3) $<$, $1-a$ (4) $a-1$
06 (1) 4 (2) $4-2x$
07 $2x-11$
08 (1) 5, 6, 7, 8 (2) 3, 4, 5, 6 (3) 2, 3, 4, 5, 6, 7 (4) 2, 3 (5) 2, 3, 4, 5
09 ④
10 (1) 9, 2, 3, 2, 1, 2 (2) 1, 2, 3 (3) 1, 2, 3, 4
11 (1) 5 (2) 16

TEST 01
036~037쪽

01 $\sqrt{7}$, $-\sqrt{7}$
02 $\sqrt{15}$, $-\sqrt{15}$
03 $\sqrt{29}$, $-\sqrt{29}$
04 5
05 -3
06 ⑤
07 $-x$
08 $-6x$
09 -6
10 5
11 $2a$
12 $-4a$
13 10
14 2
15 $>$
16 $<$
17 ④
18 P : $2-\sqrt{5}$, Q : $2+\sqrt{5}$
19 $<$
20 $>$

Chapter Ⅱ 제곱근을 포함한 식의 계산

ACT 11
042~043쪽

01 5, 10
02 $\sqrt{6}$
03 $-\sqrt{35}$
04 6
05 $\sqrt{21}$
06 11, 3, 66
07 $\sqrt{30}$
08 2, 2, 13 / 6, 26
09 $12\sqrt{5}$
10 $10\sqrt{33}$
11 $-20\sqrt{21}$
12 40
13 $8\sqrt{6}$
14 $-15\sqrt{2}$
15 14, 7
16 $\sqrt{6}$
17 $-\sqrt{2}$
18 4
19 $\sqrt{13}$
20 $-\sqrt{15}$
21 2, 5 / 3, 15
22 $4\sqrt{21}$
23 $-2\sqrt{17}$
24 $\frac{3}{2}$ / $\frac{3}{2}$, 3
25 $\sqrt{6}$

ACT 12
044~045쪽

01 2, 32
02 $\sqrt{20}$
03 $-\sqrt{63}$
04 $\sqrt{704}$
05 $-\sqrt{45}$
06 $-\sqrt{50}$
07 2, 4
08 $\sqrt{\frac{3}{25}}$
09 $-\sqrt{\frac{7}{9}}$
10 $-\sqrt{\frac{14}{25}}$
11 $\sqrt{\frac{7}{36}}$
12 2, 2
13 $3\sqrt{3}$
14 $-2\sqrt{7}$
15 $5\sqrt{2}$
16 $-7\sqrt{3}$
17 4, 4
18 $\frac{\sqrt{7}}{2}$
19 $\frac{\sqrt{5}}{3}$
20 $\frac{\sqrt{33}}{12}$
21 $\frac{\sqrt{2}}{3}$
22 100, 10, 10
23 $\frac{\sqrt{37}}{10}$
24 16

ACT 13
046~047쪽

01 3, 3 / 3, 3
02 $\frac{\sqrt{2}}{2}$
03 $\frac{6\sqrt{5}}{5}$
04 $-\frac{5\sqrt{7}}{7}$
05 3, 3 / 6, 3
06 $\frac{\sqrt{10}}{2}$
07 $-\frac{\sqrt{21}}{7}$
08 $\frac{\sqrt{55}}{5}$
09 $-\frac{\sqrt{110}}{11}$
10 3, 3 / 3, 6 / 3, 2
11 $\frac{\sqrt{5}}{15}$
12 $\frac{2\sqrt{7}}{35}$
13 $\frac{\sqrt{22}}{18}$
14 $\frac{\sqrt{15}}{21}$
15 $\frac{\sqrt{42}}{21}$
16 $\frac{\sqrt{70}}{10}$
17 2 / 1 / 3, 3
18 $\frac{\sqrt{2}}{4}$
19 $\frac{13\sqrt{5}}{10}$
20 $-\frac{\sqrt{6}}{4}$
21 $\frac{\sqrt{30}}{18}$
22 ⑤

ACT 14
048~049쪽

01 3, 6, 6
02 $8\sqrt{3}$
03 $7\sqrt{15}$
04 $\frac{\sqrt{15}}{3}$
05 $\frac{\sqrt{6}}{3}$
06 $\frac{2\sqrt{10}}{5}$
07 2, 5, 5 / 2
08 $\frac{\sqrt{6}}{6}$
09 $\frac{\sqrt{6}}{3}$
10 $\frac{\sqrt{30}}{3}$
11 $\frac{4\sqrt{6}}{3}$
12 $\frac{1}{3}$
13 $\sqrt{10}$
14 2, 3 / 2, 2, 3 / 22, 3 / 22, 3 / 66, 3
15 $\frac{\sqrt{10}}{2}$
16 $\frac{2\sqrt{30}}{3}$
17 $\frac{\sqrt{15}}{5}$
18 $-\sqrt{3}$
19 $6\sqrt{6}$
20 $\sqrt{6}$
21 $\frac{\sqrt{30}}{5}$
22 -3
23 ②

ACT+ 15
050~051쪽

01 (1) 173.2 (2) 54.77 (3) 0.1732 (4) 0.05477
02 (1) 36.06 (2) 11.40 (3) 0.3606 (4) 0.1140
03 ⑤
04 ②
05 ⑤
06 (1) a^2b (2) a^3b (3) $5a^2b$ (4) $5ab^2$
07 ③
08 $10X-\frac{Y}{10}$
09 $12\sqrt{5}$
10 $3\sqrt{6}$ cm
11 $3\sqrt{15}$

ACT 16
052~053쪽

01 2, 7
02 $8\sqrt{3}$
03 $7\sqrt{2}$
04 $\frac{5\sqrt{7}}{9}$
05 $9\sqrt{2}$
06 $12\sqrt{5}$
07 1, 2, 3, 2
08 $-4\sqrt{7}$
09 $\frac{2\sqrt{5}}{3}$
10 $-\frac{13\sqrt{10}}{10}$
11 $2\sqrt{3}$
12 $-2\sqrt{6}$
13 2, 2 / 2, 3, 2 / 5, 2
14 $5\sqrt{2}$
15 $9\sqrt{3}$
16 4, 2 / 4, 2 / 2, 2
17 $2\sqrt{5}$
18 $-\sqrt{7}$
19 $5\sqrt{6}$
20 3, 6 / 3, 1, 6 / -2, 2
21 $-3\sqrt{7}$
22 $6\sqrt{3}$
23 $-\sqrt{2}+2\sqrt{5}$
24 $5\sqrt{10}-\sqrt{6}$
25 ⑤

ACT 17
054~055쪽

- 01 2, 2 / 4, 7
- 02 $\frac{7\sqrt{5}}{5}$
- 03 $\frac{4\sqrt{6}}{3}$
- 04 $\frac{15\sqrt{7}}{14}$
- 05 $-\frac{11\sqrt{3}}{3}$
- 06 $-\frac{2\sqrt{5}}{5}$
- 07 $-\frac{\sqrt{10}}{30}$
- 08 $\frac{7\sqrt{6}}{6}$
- 09 $\frac{2\sqrt{7}}{7}$
- 10 $\frac{14\sqrt{6}}{3}$
- 11 $-2\sqrt{6}$
- 12 3, 3, 3 / 3, 2, 9, 3 / 20, 3
- 13 $-2\sqrt{5}$
- 14 $\frac{\sqrt{7}}{2}$
- 15 $-\frac{\sqrt{6}}{12}$
- 16 $-\frac{2\sqrt{6}}{9}$
- 17 $2\sqrt{7}-2\sqrt{2}$
- 18 $6\sqrt{6}+2\sqrt{3}$
- 19 $10\sqrt{2}+\frac{14\sqrt{10}}{5}$
- 20 $4\sqrt{7}+\frac{4\sqrt{3}}{3}$
- 21 $\frac{7\sqrt{5}}{2}-\sqrt{11}+\sqrt{7}$
- 22 8

ACT 18
056~057쪽

- 01 2, 2 / 6, 10
- 02 $-2-2\sqrt{3}$
- 03 $10+\sqrt{55}$
- 04 $3\sqrt{2}+\sqrt{21}$
- 05 $2\sqrt{10}+8$
- 06 3, 3 / 21, 15
- 07 $\sqrt{10}-5$
- 08 $2\sqrt{6}-6$
- 09 $-8\sqrt{3}+12\sqrt{2}$
- 10 $6\sqrt{10}-6\sqrt{15}$
- 11 2 / 3, 6
- 12 $\sqrt{2}+\sqrt{6}$
- 13 $3\sqrt{5}+\sqrt{3}$
- 14 $4\sqrt{5}+3$
- 15 5 / 2, 1
- 16 $1-\sqrt{3}$
- 17 $6\sqrt{6}-\sqrt{2}$
- 18 5, 5 / 10, 15, 5
- 19 $\frac{\sqrt{15}+\sqrt{5}}{5}$
- 20 $\sqrt{6}+\frac{\sqrt{14}}{2}$
- 21 $\sqrt{5}-\frac{\sqrt{6}}{3}$
- 22 $\frac{3\sqrt{3}+\sqrt{6}}{2}$
- 23 $\frac{\sqrt{30}}{3}-\frac{3}{2}$

ACT 19
058~059쪽

- 01 15 / 3, 15
- 02 $2\sqrt{5}$
- 03 $\sqrt{6}$
- 04 $\frac{23\sqrt{6}}{6}$
- 05 6, 3, 14
- 06 $3\sqrt{15}$
- 07 $3\sqrt{14}-13\sqrt{3}$
- 08 $7\sqrt{6}-6\sqrt{2}$
- 09 $10-7\sqrt{2}$
- 10 $2-\frac{8\sqrt{6}}{3}$
- 11 4
- 12 $\frac{5\sqrt{3}}{3}-\frac{\sqrt{6}}{6}$
- 13 $-1-\frac{9\sqrt{14}}{14}$
- 14 $\frac{19}{2}$
- 15 $-\frac{1}{4}-\frac{3\sqrt{2}}{2}$
- 16 0
- 17 0
- 18 5, 4 / 0, 2
- 19 -1
- 20 -2
- 21 1

ACT 20
060~061쪽

- 01 2, $\sqrt{5}-2$
- 02 5, $\sqrt{29}-5$
- 03 7, $\sqrt{55}-7$
- 04 8, $\sqrt{70}-8$
- 05 3, $\sqrt{2}-1$
- 06 5, $\sqrt{5}-2$
- 07 7, $\sqrt{14}-3$
- 08 2, $3-\sqrt{6}$
- 09 4, $5-\sqrt{17}$
- 10 $<$ / 4, 16, $<$, $<$
- 11 $>$
- 12 $<$
- 13 $>$
- 14 $<$
- 15 $>$ / 12, 9, $>$, $>$
- 16 $>$
- 17 $>$
- 18 $<$
- 19 $>$
- 20 $<$

ACT+ 21
062~063쪽

- 01 (1) $7\sqrt{6}$ (2) $5\sqrt{10}+2$
- 02 (1) $6\sqrt{3}$ cm (2) $9\sqrt{5}$ cm
- 03 (1) $10\sqrt{7}$ (2) $26\sqrt{7}$
- 04 (1) $3\sqrt{3}$ (2) $18\sqrt{3}$
- 05 $16\sqrt{10}+120$
- 06 (1) $2\sqrt{2}-1$ (2) $2+2\sqrt{2}$
- 07 $2\sqrt{5}$
- 08 (1) $a>b$ (2) $b>c$ (3) $a>b>c$
- 09 ④
- 10 (1) a (2) b

TEST 02
064~065쪽

- 01 $20\sqrt{15}$
- 02 $\sqrt{2}$
- 03 $5\sqrt{5}$
- 04 $9\sqrt{2}$
- 05 $\frac{\sqrt{11}}{10}$
- 06 $\frac{\sqrt{7}}{11}$
- 07 $\frac{2\sqrt{30}}{3}$
- 08 $\frac{5\sqrt{3}}{3}$
- 09 $17\sqrt{2}$
- 10 $9\sqrt{5}-2\sqrt{10}$
- 11 $2\sqrt{5}-6\sqrt{3}$
- 12 $5\sqrt{2}$
- 13 ①
- 14 $6\sqrt{6}$
- 15 ②
- 16 $2+\frac{\sqrt{5}}{2}$
- 17 ①
- 18 정수 부분 : 8, 소수 부분 : $\sqrt{77}-8$
- 19 $\sqrt{5}-1$
- 20 ④

Chapter Ⅲ 다항식의 곱셈

ACT 22
070~071쪽

01 $3a$ / $2a$, 3
02 $x^2+7x+12$
03 $x^2+6x-16$
04 $6a^2-a-1$
05 $-8a^2+19a-6$
06 $x^2+4xy+3y^2$
07 $a^2-ab-2b^2$
08 a^2-4b^2
09 $2x^2+7xy-4y^2$
10 $5a^2+11ab+2b^2$
11 $-9x^2+4$
12 $12a^2-75ab+18b^2$
13 xy, y / xy, 2, y
14 $a^2+2ab+3a+4b+2$
15 $a^2-b^2+4a-4b$
16 $x^2-y^2-3x-3y$
17 $2x^2-6xy+3x-3y+1$
18 $-2a^2+3ab-b^2-2a+b$
19 $-3a^2+5ab-2b^2+15a-10b$
20 $2x^2-2xy-x-y-1$
21 $-a^2-3ab+3a+6b-2$
22 $-x^2-xy-x-4y+12$
23 $6a^2+ab-b^2-18a+6b$
24 $-x^2+5xy-6y^2+2x-6y$
25 ⑤

ACT 23
072~073쪽

01 x, 2 / 4, 4
02 $x^2+8x+16$
03 $x^2+10x+25$
04 $4x^2+4x+1$
05 $9x^2+6x+1$
06 $16x^2+16x+4$
07 x, 2 / 4, 4
08 $x^2-8x+16$
09 $x^2-10x+25$
10 $4x^2-4x+1$
11 $9x^2-6x+1$
12 $16x^2-16x+4$
13 $2a$, b / 4, 4, b
14 $25a^2+10ab+b^2$
15 $4x^2+8xy+4y^2$
16 $9a^2+12ab+4b^2$
17 $16a^2+24ab+9b^2$
18 $9x^2+24xy+16y^2$
19 $\frac{1}{4}x^2+2xy+4y^2$
20 $\frac{1}{9}a^2+4ab+36b^2$
21 $2a$, b / 4, 4, b
22 $9x^2-6xy+y^2$
23 $25x^2-30xy+9y^2$
24 $4a^2-16ab+16b^2$
25 $x^2+4xy+4y^2$
26 $\frac{1}{4}x^2-\frac{4}{5}xy+\frac{16}{25}y^2$
27 6

ACT 24
074~075쪽

01 2, 4
02 x^2-25
03 x^2-100
04 $4x^2-1$
05 $x^2-\frac{1}{4}$
06 $9x^2-\frac{1}{4}$
07 x^2-1
08 $4x^2-9$
09 $9x^2-49$
10 $4x^2-25$
11 $x^2-\frac{1}{16}$
12 $\frac{1}{4}x^2-9$
13 $2y$ / 4, 4
14 $16x^2-y^2$
15 $4x^2-16y^2$
16 $9x^2-4y^2$
17 $25x^2-4y^2$
18 $4x^2-9y^2$
19 x^2-4y^2
20 $2x$, $3y$ / $3y$ / 9, 4
21 $4y^2-x^2$
22 $9y^2-x^2$
23 $16y^2-4x^2$
24 $4y^2-25x^2$
25 ②

ACT 25
076~077쪽

01 2, 2 / 3, 2
02 x^2+5x+6
03 x^2+5x+4
04 $x^2-8x+15$
05 $x^2-9x+14$
06 x^2-5x+6
07 x^2+2x-8
08 x^2-4x-5
09 x^2+x-2
10 $x^2+3x-10$
11 $x^2+\frac{16}{3}x-4$
12 $x^2+\frac{7}{2}x-2$
13 $2y$, y / 3, 2
14 $x^2+6xy+8y^2$
15 $x^2-10xy+21y^2$
16 $x^2-9xy+20y^2$
17 $x^2+xy-2y^2$
18 $x^2-2xy-15y^2$
19 $x^2-5xy-50y^2$
20 4
21 3
22 3
23 5
24 6
25 2
26 5

ACT 26
078~079쪽

01 3, 2, 3, 1 / 6, 7, 2
02 $8x^2+10x+3$
03 $15x^2-13x+2$
04 $6x^2+x-1$
05 $4x^2+3x-10$
06 $12x^2+16x-3$
07 5, $3y$, 2, y / 10, 17, 3
08 $6x^2-17xy+5y^2$
09 $6x^2+5xy-4y^2$
10 $20x^2+7xy-6y^2$
11 2, 3, 2, 5 / -6, 7, 5
12 $2x^2+x-15$
13 $-10x^2-8x+2$
14 $-8x^2+16x-6$
15 $-6x^2-13xy-2y^2$
16 $-6x^2+7xy+20y^2$
17 -1
18 10
19 -17
20 11
21 -29
22 1

ACT 27
080~081쪽

- 01 ×
- 02 ○
- 03 ○
- 04 ×
- 05 ○
- 06 -36
- 07 25
- 08 15
- 09 6
- 10 $-\frac{3}{2}$
- 11 $9a^2-6ab+b^2$
- 12 $a^2-4ab+4b^2$
- 13 $25x^2-y^2$
- 14 $1-4x^2$
- 15 x^2+6x+8
- 16 $x^2+4xy-12y^2$
- 17 $-8x^2+23xy+3y^2$
- 18 $2x^2+2x-3$
- 19 $-8x$
- 20 $2x-2$
- 21 $-x+5$
- 22 $-6x+24$
- 23 ⑤

ACT 28
082~083쪽

- 01 50, 2 / 2704
- 02 10201
- 03 50.41
- 04 7744
- 05 94.09
- 06 1, 1 / 1 / 9999
- 07 1596
- 08 99.96
- 09 41410
- 10 3654
- 11 2 / 6, 2 / 5, 6
- 12 $9-4\sqrt{5}$
- 13 $11+4\sqrt{6}$
- 14 2, 1, 1
- 15 4
- 16 1
- 17 3, 3 / 5, 6 / 9, 5
- 18 $-2+2\sqrt{6}$
- 19 $8+9\sqrt{2}$
- 20 $9-\sqrt{6}$

ACT 29
084~085쪽

- 01 $\sqrt{3}-2$, $\sqrt{3}-2$ / $2-\sqrt{3}$
- 02 $5+2\sqrt{6}$
- 03 $4\sqrt{2}+2\sqrt{7}$
- 04 $8\sqrt{7}+12\sqrt{3}$
- 05 $10+4\sqrt{3}$
- 06 $5+2\sqrt{6}$
- 07 $19-6\sqrt{10}$
- 08 $17-12\sqrt{2}$
- 09 $8-5\sqrt{3}$
- 10 $\frac{2\sqrt{7}}{5}$
- 11 2 / 4, 4, 3 / -1
- 12 -2
- 13 -9
- 14 1
- 15 7
- 16 4
- 17 4
- 18 6
- 19 -3
- 20 -12

ACT 30
086~087쪽

- 01 8, 7, 50
- 02 8, 7, 36
- 03 1, 6, 13
- 04 1, 6, 25
- 05 53
- 06 9
- 07 68
- 08 81
- 09 3, 7
- 10 3, 5
- 11 4, 18
- 12 4, 20
- 13 62
- 14 32
- 15 27
- 16 104
- 17 13
- 18 ④

ACT 31
088~089쪽

- 01 $x-y$
- 02 $x-4y$
- 03 $y-2$
- 04 $2x-y$
- 05 $3x+5$
- 06 $y-1$
- 07 A^2+2A+1 / $(x+2y)^2+2(x+2y)+1$ / $x^2+4xy+4y^2+2x+4y+1$
- 08 $a^2+4ab+4b^2-8a-16b+16$
- 09 $4x^2-4xy+y^2+12x-6y+9$
- 10 $9x^2+6xy+y^2-12x-4y+4$
- 11 $A^2+7A+12$ / $(x-y)^2+7(x-y)+12$ / $x^2-2xy+y^2+7x-7y+12$
- 12 $x^2-8xy+16y^2-1$
- 13 $2x^2-3xy+y^2+3x-2y+1$
- 14 A^2-y^2 / $(2x+1)^2-y^2$ / $4x^2-y^2+4x+1$
- 15 $x^2-6xy+9y^2+4x-12y+3$
- 16 $x^2+2xy+y^2+4x+4y-5$
- 17 $1-A^2$ / $1-(a+b)^2$ / $-a^2-2ab-b^2+1$
- 18 $-x^2+2xy-y^2-2x+2y+8$
- 19 $16x^2-y^2+2y-1$
- 20 $6a^2+ab-b^2+2a-4b-4$
- 21 ④

ACT+ 32
090~091쪽

- 01 (1) x^2-4 (2) x^4-16 (3) x^8-256
- 02 ⑤
- 03 16
- 04 $x^4+4x^3+x^2-6x$
- 05 ②
- 06 71
- 07 $35x^2+11x-6$
- 08 $24x^2-10x+1$
- 09 $45a^2-28a+4$
- 10 (1) 4 (2) 16 (3) 14
- 11 11
- 12 21
- 13 ⑤

TEST 03
092~093쪽

01 $4x^2-12x+9$
02 $x^2-8x+16$
03 $36x^2-49$
04 $25-x^2$
05 $x^2-2x-35$
06 x^2-2x-8
07 $15x^2+7x-2$
08 $2x^2-\frac{47}{2}x-6$
09 $10x-5$
10 $-5x+2$
11 x^4-81
12 ③, ⑤
13 $6-4\sqrt{5}$
14 5
15 6
16 ⑤
17 21
18 ❶ $(A-1)^2$ ❷ A^2-2A+1
❸ $4a^2+4ab+b^2-4a-2b+1$
19 ❷ $(A+3)(A-4)$
❸ A^2-A-12
❹ $4x^2-4xy+y^2+2x-y-12$
20 $45x^2+x-2$

Chapter IV 다항식의 인수분해

ACT 33
098~099쪽

01 x^2-2x+1
02 x^2+4x+3
03 x^2y-xy^2
04 b에 ×표
05 7에 ×표
06 x^2y에 ×표
07 $3y$에 ×표
08 x^2에 ×표
09 $(x-1)^2$에 ×표
10 a, $a(x-y)$
11 m, $m(x+y-z)$
12 ab, $ab(a+2)$
13 a^2, $a^2(a-b+1)$
14 $4x^2$, $4x^2(x+2y)$
15 $x+y$
16 $(x+1)(a+1)$
17 $(a-b)(x-y)$
18 $(x-3y)(2-a)$
19 $(2a-1)(xy+1)$
20 $(7-x)(x^2+y^2)$

ACT 34
100~101쪽

01 x, 1 / 1
02 $(x+4)^2$
03 $(a+7)^2$
04 3, 3, 1 / 3
05 $(5a+1)^2$
06 $(8x+1)^2$
07 5, 5 / 5
08 $(a+3b)^2$
09 $(a+8b)^2$
10 $(7x+y)^2$
11 x, 2 / 2
12 $(a-1)^2$
13 $(a-9)^2$
14 $(x-6)^2$
15 4, 4, 1, 1 / 4
16 $(8x-1)^2$
17 $(3a-1)^2$
18 4, 4 / 4
19 $(6a-b)^2$
20 $\left(x-\frac{1}{2}\right)^2$
21 ㉣

ACT 35
102~103쪽

01 4, 4
02 9
03 16
04 64
05 8, 8
06 6
07 10
08 12
09 9, 9
10 25
11 y^2
12 b^2
13 $49y^2$
14 4, 4
15 10
16 8
17 12
18 67

ACT 36
104~105쪽

01 1 / 1, 1
02 $(x+5)(x-5)$
03 $(x+3)(x-3)$
04 $(a+8)(a-8)$
05 $\left(x+\frac{1}{2}\right)\left(x-\frac{1}{2}\right)$
06 $\left(a+\frac{1}{6}\right)\left(a-\frac{1}{6}\right)$
07 4 / 4, 4
08 $(a+2b)(a-2b)$
09 $(x+7y)(x-7y)$
10 $(a+9b)(a-9b)$
11 $\left(a+\frac{1}{10}b\right)\left(a-\frac{1}{10}b\right)$
12 $\left(x+\frac{2}{5}y\right)\left(x-\frac{2}{5}y\right)$
13 2, 3 / 3, 3
14 $(8x+5y)(8x-5y)$
15 $(4a+7b)(4a-7b)$
16 $(9a+8b)(9a-8b)$
17 $\left(\frac{1}{3}x+\frac{1}{2}y\right)\left(\frac{1}{3}x-\frac{1}{2}y\right)$
18 $\left(\frac{1}{8}a+\frac{1}{7}b\right)\left(\frac{1}{8}a-\frac{1}{7}b\right)$
19 $\left(\frac{2}{3}x+\frac{1}{4}y\right)\left(\frac{2}{3}x-\frac{1}{4}y\right)$
20 2, 4 / 2, 2 / 2, 2, 2
21 $5(x+1)(x-1)$
22 $6(x+3)(x-3)$
23 $\frac{1}{3}\left(a+\frac{1}{3}\right)\left(a-\frac{1}{3}\right)$
24 $7(x+y)(x-y)$
25 $5(a+4b)(a-4b)$
26 $\frac{1}{2}\left(x+\frac{1}{4}y\right)\left(x-\frac{1}{4}y\right)$

ACT 37
106~107쪽

01 3, −1, −3 / 1, 2
02 1, 6
03 −1, 2
04 3, −7
05 −4, 9

(위에서부터)
06 2, 3 / −2, $-2x$ / x, $-3x$ / $-5x$
07 2, 1 / 2, $2x$ / x, x / $3x$
08 11, 7 / x, $11x$ / −7, $-7x$ / $4x$

09 2, 4
10 $(x+2)(x+3)$
11 $(x+4)(x+5)$
12 $(x+6)(x+7)$
13 3, 4
14 $(x-4)(x-6)$
15 $(x-7)(x-8)$
16 2, 4
17 $(x-5)(x+8)$
18 $(x+2)(x-7)$
19 $(x+3)(x-6)$
20 $(x+y)(x+6y)$
21 $2x-8y$

ACT 38
108~109쪽

(위에서부터)
01 3, $2x$ / −3, $-6x$ / $2x$, x / $-5x$
02 x, 1 / x, $3x$ / 1, x / $4x$
03 $2x$, 1 / $2x$, −1, $-3x$ / $2x$ / $-x$
04 3, $5x$ / 3, $15x$ / $5x$, $-6x$ / $9x$
05 $4y$, $2x$ / $4y$, $8xy$ / $2x$, xy / $9xy$
06 y, $3x$ / y, $3xy$ / $3x$, $-6xy$ / $-3xy$
07 1, 2, 1
08 $(x+2)(3x+2)$
09 $(x+1)(9x+1)$
10 $(x-6)(8x-1)$
11 $(x-1)(4x-5)$
12 $(x-4)(5x+2)$
13 $(2x+1)(4x-1)$
14 2, 5
15 $(x+3y)(3x-8y)$
16 $(x+y)(8x-9y)$
17 $(x-3y)(2x+5y)$
18 $(2x+3y)(3x+2y)$
19 10

ACT 39
110~111쪽

01 $(x-4)^2$
02 $(x+10)(x-10)$
03 $(x+3)^2$
04 $(x+2)(x-4)$
05 $(x+4)(x-4)$
06 $(x-5)(x-7)$
07 $(x+9)^2$
08 $(x-8)^2$
09 $(x-2y)(x-3y)$
10 $(x+3y)(x-5y)$
11 $(x+6y)(x-7y)$
12 $(x+5y)(x-9y)$
13 $(x+5y)(x-5y)$
14 $(2x-1)^2$
15 $(x+1)(2x+3)$
16 $(3x+2)^2$
17 $(x-5)(3x-8)$
18 $(2x-3)(7x+4)$
19 $(5x-y)^2$
20 $(6x+7y)(6x-7y)$
21 $\left(x+\frac{1}{2}\right)^2$
22 $\left(x+\frac{1}{5}\right)\left(x-\frac{1}{5}\right)$
23 $\left(x-\frac{1}{3}y\right)^2$
24 $\left(\frac{1}{4}x+\frac{8}{9}y\right)\left(\frac{1}{4}x-\frac{8}{9}y\right)$

ACT+ 40
112~113쪽

01 $x+1$, $x-2$ / $x+1$, $x-2$, 3
02 3
03 $-2x-3$
04 ③
05 ①
06 ⑤
07 ③
08 ②
09 ③
10 (1) $a=5$, $b=6$ (2) $a=7$, $b=-18$ (3) $(x+1)(x+6)$
11 (1) x^2+2x-8 (2) $(x+4)(x-2)$

ACT 41
116~117쪽

01 2 / 1, 3
02 $b(a-1)^2$
03 $x(x-5)^2$
04 $3a(a+2)(a-2)$
05 $ab(a+6)(a-6)$
06 $x(x-1)(x-7)$
07 3, 2
08 $-(2a-3b)(7a+4b)$
09 $-x(y+3)(y-7)$
10 $-a(a-2b)(a-9b)$
11 $(a+2)(x+3)^2$
12 $(A+1)^2$ / $(x+1+1)^2$ / $(x+2)^2$
13 $(A-10)^2$ / $(a-b-10)^2$
14 A^2+5A+6 / $(A+2)(A+3)$ / $(a+2b+2)(a+2b+3)$
15 $(x-y+9)^2$
16 $(x+3y+2)(x+3y+4)$
17 $(2x-11)(2x-1)$
18 $(x-2y-2)(3x-6y+2)$
19 0

ACT 42
118~119쪽

01 $(A+3)^2$ / $(a+b+3)^2$
02 $(x-y-6)(x-y+2)$
03 $(7x-2y-6)^2$
04 $(3a-b-6)(3a-b+4)$
05 $(A+y)(A-y)$ / $(x+y+1)(x-y+1)$
06 $(2x+2y+5)(2x-2y+5)$
07 $(x+y-2)(x-y+2)$
08 $(5a+b+2)(5a-b-2)$
09 $(x+6)(x-2)$
10 $(A+B)(A-B)$ / $(x+6+y+1)\{x+6-(y+1)\}$ / $(x+y+7)(x-y+5)$
11 $(a+b-7)(a-b+3)$
12 $(3x-2)(x+4)$
13 $(5x+y)(x+3y)$
14 $(2x+5y+7)(2x-5y-23)$
15 $5(18a-17b)(2a-5b)$
16 $(A-2B)^2$ / $\{x+1-2(y-2)\}^2$ / $(x-2y+5)^2$
17 $(x+2y-5)(x+3y-9)$
18 $(2a-7b+20)(3a+4b+1)$
19 $-(5x+3y)(13x-21y)$
20 $2x-6y+3$

ACT 43
120~121쪽

01 $b+1$, $b+1$ / $b+1$
02 $(y+1)(x+2)$
03 $(x-1)(x^2+1)$
04 $(a-5)(b-1)$
05 $(y-1)(x^2+1)$
06 $(b+1)(a+8)$
07 $(y-7)(x-1)$
08 $(y-2)(x-2)$
09 $(a+b)(a+1)$
10 $(x-6)(x+1)(x-1)$
11 $x+3$ / $x-y+3$
12 $(a+b-5)(a-b-5)$
13 $(x+y-7)(x-y-7)$
14 $(a+b-6)(a-b-6)$
15 $(x+y-1)(x-y-1)$
16 $b+3$ / $b+3$, $a-b-3$
17 $(x+y-8)(x-y+8)$
18 $(x+y+2)(x-y-2)$
19 $(a+b-9)(a-b+9)$
20 $(c+a+b)(c-a-b)$

ACT 44
122~123쪽

01 12 / 25, 30 / 750
02 3, 3 / 50, 44 / 2200
03 2 / 100 / 10000
04 870
05 21
06 3360
07 1600
08 36
09 5 / 5 / $-\sqrt{3}$, 3
10 3600
11 3000
12 $5+7\sqrt{5}$
13 8800
14 16
15 $3+9\sqrt{3}$
16 $-8\sqrt{5}$
17 $-4\sqrt{30}$

ACT+ 45
124~125쪽

01 (1) 8 (2) 15
02 $6\sqrt{2}$
03 ③
04 $36a$
05 $2a+5$
06 $x+10$
07 (1) $x+2$ / $x+2$, $x+y+2$
(2) $x+y$, $x+y$ / $x+y$, $x+y+2z$
(3) $5b-1$, $3b-1$ / $a+2b$, $a+3b-1$
08 $(a+1)(a+b-4)$
09 ②, ⑤
10 $(a-2b)(a-2b+c)$
11 -6

TEST 04
126~127쪽

01 ⑤
02 $xy^2(y-2)$
03 $a(x+y+z)$
04 $(6x+5y)^2$
05 121
06 12
07 $(x+6)(x-6)$
08 $\frac{1}{3}\left(x+\frac{1}{2}y\right)\left(x-\frac{1}{2}y\right)$
09 $(x-2y)(x+5y)$
10 $(x+y)(3x+2y)$
11 ②
12 $x(x+8)^2$
13 $(x-4)^2$
14 $(y+3)(x+1)$
15 $ab(a-4)(a+3)$
16 $(x+y-3)(x+y+2)$
17 $(a-5)(a^2+1)$
18 $(x+y-1)(x-y+5)$
19 $(x+y+2)(x-y+2)$
20 ①

Chapter Ⅰ 제곱근과 실수

ACT 01 014~015쪽

02 $10^2=100$, $(-10)^2=100$이므로 제곱하여 100이 되는 수는 10, -10이다.

03 $0.4^2=0.16$, $(-0.4)^2=0.16$이므로 제곱하여 0.16이 되는 수는 0.4, -0.4이다.

04 $1.2^2=1.44$, $(-1.2)^2=1.44$이므로 제곱하여 1.44가 되는 수는 1.2, -1.2이다.

05 $\left(\frac{1}{3}\right)^2=\frac{1}{9}$, $\left(-\frac{1}{3}\right)^2=\frac{1}{9}$이므로 제곱하여 $\frac{1}{9}$이 되는 수는 $\frac{1}{3}$, $-\frac{1}{3}$이다.

06 $\left(\frac{7}{13}\right)^2=\frac{49}{169}$, $\left(-\frac{7}{13}\right)^2=\frac{49}{169}$이므로 제곱하여 $\frac{49}{169}$가 되는 수는 $\frac{7}{13}$, $-\frac{7}{13}$이다.

07 $5^2=25$, $(-5)^2=25$이므로 x의 값은 5, -5이다.

08 $9^2=81$, $(-9)^2=81$이므로 x의 값은 9, -9이다.

09 $0.6^2=0.36$, $(-0.6)^2=0.36$이므로 x의 값은 0.6, -0.6이다.

10 $1.6^2=2.56$, $(-1.6)^2=2.56$이므로 x의 값은 1.6, -1.6이다.

11 $\left(\frac{3}{8}\right)^2=\frac{9}{64}$, $\left(-\frac{3}{8}\right)^2=\frac{9}{64}$이므로 x의 값은 $\frac{3}{8}$, $-\frac{3}{8}$이다.

12 $\left(\frac{1}{12}\right)^2=\frac{1}{144}$, $\left(-\frac{1}{12}\right)^2=\frac{1}{144}$이므로 x의 값은 $\frac{1}{12}$, $-\frac{1}{12}$이다.

17 $1^2=1$, $(-1)^2=1$이므로 1의 제곱근은 1, -1이다.

18 0의 제곱근은 0이다.

19 음수의 제곱근은 없다.

20 $0.8^2=0.64$, $(-0.8)^2=0.64$이므로 0.64의 제곱근은 0.8, -0.8이다.

21 $\left(\frac{4}{11}\right)^2=\frac{16}{121}$, $\left(-\frac{4}{11}\right)^2=\frac{16}{121}$이므로 $\frac{16}{121}$의 제곱근은 $\frac{4}{11}$, $-\frac{4}{11}$이다.

22 ① 음수의 제곱근은 없다.
② 0의 제곱근은 0의 1개이다.
③ 0.25의 제곱근은 0.5, -0.5의 2개이다.
④ $\frac{49}{4}$의 제곱근은 $\frac{7}{2}$, $-\frac{7}{2}$의 2개이다.
⑤ 36의 제곱근은 6, -6의 2개이다.
따라서 제곱근이 없는 것은 ①이다.

ACT 02 016~017쪽

07 $-\sqrt{25}=(25\text{의 음의 제곱근})=-5$

08 $\pm\sqrt{1.21}=(1.21\text{의 제곱근})=\pm1.1$

09 $\sqrt{\frac{25}{81}}=\left(\frac{25}{81}\text{의 양의 제곱근}\right)=\frac{5}{9}$

10 $-\sqrt{\frac{49}{144}}=\left(\frac{49}{144}\text{의 음의 제곱근}\right)=-\frac{7}{12}$

15 $x^2=4^2+5^2=41$이고 $x>0$이므로 $x=\sqrt{41}$

16 $x^2=4^2+7^2=65$이고 $x>0$이므로 $x=\sqrt{65}$

17 $x^2=9^2-3^2=72$이고 $x>0$이므로 $x=\sqrt{72}$

18 81의 양의 제곱근은 9이므로 $a=9$
$\left(-\frac{4}{9}\right)^2$의 음의 제곱근은 $-\frac{4}{9}$이므로 $b=-\frac{4}{9}$
$\therefore a\times b=9\times\left(-\frac{4}{9}\right)=-4$

ACT 03 018~019쪽

04 $(\sqrt{0.9})^2=0.9$이므로 $-(\sqrt{0.9})^2=-0.9$

05 $\left(\sqrt{\frac{14}{15}}\right)^2=\frac{14}{15}$이므로 $-\left(\sqrt{\frac{14}{15}}\right)^2=-\frac{14}{15}$

06 $(-\sqrt{0.7})^2=0.7$이므로 $-(-\sqrt{0.7})^2=-0.7$

10 $\sqrt{9^2}=9$이므로 $-\sqrt{9^2}=-9$

11 $\sqrt{(-20)^2}=20$이므로 $-\sqrt{(-20)^2}=-20$

12 $\sqrt{\left(-\frac{7}{6}\right)^2}=\frac{7}{6}$이므로 $-\sqrt{\left(-\frac{7}{6}\right)^2}=-\frac{7}{6}$

14 $-2a<0$이므로 $\sqrt{(-2a)^2}=-(-2a)=2a$

15 $4a>0$이므로 $-\sqrt{(4a)^2}=-4a$

17 $-3a>0$이므로 $\sqrt{(-3a)^2}=-3a$

18 $-5a>0$이므로 $-\sqrt{(-5a)^2}=-(-5a)=5a$

19 $a\geq0$일 때, $\sqrt{a^2}=a$
$a<0$일 때, $\sqrt{a^2}=-a$

20 $a\geq0$일 때, $6a\geq0$이므로 $\sqrt{(6a)^2}=6a$
$a<0$일 때, $6a<0$이므로 $\sqrt{(6a)^2}=-6a$

21 $a\geq0$일 때, $-a\leq0$이므로 $\sqrt{(-a)^2}=-(-a)=a$
$a<0$일 때, $-a>0$이므로 $\sqrt{(-a)^2}=-a$

22 $a\geq0$일 때, $-2a\leq0$이므로 $\sqrt{(-2a)^2}=-(-2a)=2a$
$a<0$일 때, $-2a>0$이므로 $\sqrt{(-2a)^2}=-2a$

23 $a\geq0$일 때, $-4a\leq0$이므로
$-\sqrt{(-4a)^2}=-\{-(-4a)\}=-4a$
$a<0$일 때, $-4a>0$이므로
$-\sqrt{(-4a)^2}=-(-4a)=4a$

24 $a\geq0$일 때, $-10a\leq0$이므로
$-\sqrt{(-10a)^2}=-\{-(-10a)\}=-10a$
$a<0$일 때, $-10a>0$이므로
$-\sqrt{(-10a)^2}=-(-10a)=10a$

ACT 04 020~021쪽

02 $(-\sqrt{10})^2+\sqrt{13^2}=10+13=23$

03 $\sqrt{\left(\frac{1}{2}\right)^2}+\sqrt{\left(-\frac{1}{2}\right)^2}=\frac{1}{2}+\frac{1}{2}=1$

05 $\sqrt{(-14)^2}-(\sqrt{5})^2=14-5=9$

06 $-(-\sqrt{2.3})^2-\sqrt{0.2^2}=-2.3-0.2=-2.5$

08 $\sqrt{6^2}\times\sqrt{49}=\sqrt{6^2}\times\sqrt{7^2}=6\times7=42$

09 $(-\sqrt{11})^2\times\sqrt{(-2)^2}=11\times2=22$

11 $\sqrt{21^2}\div\sqrt{(-7)^2}=21\div7=3$

12 $\sqrt{64}\div\left(-\sqrt{\frac{4}{9}}\right)^2=\sqrt{8^2}\div\left(-\sqrt{\frac{4}{9}}\right)^2$
$=8\div\frac{4}{9}=8\times\frac{9}{4}=18$

14 $-3a<0$, $4a>0$이므로
$\sqrt{(-3a)^2}+\sqrt{(4a)^2}=-(-3a)+4a=3a+4a=7a$

15 $6a>0$, $-7a<0$이므로
$\sqrt{(6a)^2}+\sqrt{(-7a)^2}=6a-(-7a)=6a+7a=13a$

16 $-2a<0$, $-9a<0$이므로
$\sqrt{(-2a)^2}-\sqrt{(-9a)^2}=-(-2a)-\{-(-9a)\}$
$=2a-9a=-7a$

17 $5a>0$, $-8a<0$이므로
$-\sqrt{(5a)^2}+\sqrt{(-8a)^2}=-5a-(-8a)$
$=-5a+8a=3a$

18 $13a>0$, $-36a<0$이므로
$-\sqrt{(13a)^2}-\sqrt{(-36a)^2}=-13a-\{-(-36a)\}$
$=-13a-36a=-49a$

19 $64a^2=(8a)^2$이고 $8a>0$, $3a>0$이므로
$-\sqrt{64a^2}-\sqrt{(3a)^2}=-8a-3a=-11a$

21 $-4a>0$, $-5a>0$이므로
$\sqrt{(-4a)^2}+\sqrt{(-5a)^2}=-4a-5a=-9a$

22 $-3a>0$, $4a<0$이므로
$\sqrt{(-3a)^2}+\sqrt{(4a)^2}=-3a-4a=-7a$

23 $9a<0$, $-7a>0$이므로
$\sqrt{(9a)^2}-\sqrt{(-7a)^2}=-9a-(-7a)$
$=-9a+7a=-2a$

24 $25a^2=(5a)^2$이고 $-4a>0$, $5a<0$이므로
$-\sqrt{(-4a)^2}+\sqrt{25a^2}=-(-4a)-5a$
$=4a-5a=-a$

25 $36a^2=(6a)^2$이고 $6a<0$, $-21a>0$이므로
$-\sqrt{36a^2}+\sqrt{(-21a)^2}=-(-6a)-21a$
$=6a-21a=-15a$

26 $144a^2=(12a)^2$이고 $-14a>0$, $12a<0$이므로
$-\sqrt{(-14a)^2}-\sqrt{144a^2}=-(-14a)-(-12a)$
$=14a+12a=26a$

ACT 05

022~023쪽

01 $\sqrt{2\times5^2\times x}$가 자연수가 되려면
$x=2\times(\text{자연수})^2$ 꼴이어야 한다.
따라서 가장 작은 자연수 x의 값은 2이다.

02 $\sqrt{2^2\times3\times7\times x}$가 자연수가 되려면
$x=3\times7\times(\text{자연수})^2$ 꼴이어야 한다.
따라서 가장 작은 자연수 x의 값은 $3\times7=21$이다.

04 $\sqrt{45x}=\sqrt{3^2\times5\times x}$가 자연수가 되려면
$x=5\times(\text{자연수})^2$ 꼴이어야 한다.
따라서 가장 작은 자연수 x의 값은 5이다.

05 $\sqrt{60x}=\sqrt{2^2\times3\times5\times x}$가 자연수가 되려면
$x=3\times5\times(\text{자연수})^2$ 꼴이어야 한다.
따라서 가장 작은 자연수 x의 값은 $3\times5=15$이다.

06 $\sqrt{\dfrac{3^2\times5}{x}}$가 자연수가 되려면
$x=5,\ 3^2\times5$이어야 한다.
따라서 가장 작은 자연수 x의 값은 5이다.

07 $\sqrt{\dfrac{2\times5^2\times11}{x}}$이 자연수가 되려면
$x=2\times11,\ 2\times5^2\times11$이어야 한다.
따라서 가장 작은 자연수 x의 값은 $2\times11=22$이다.

09 $\sqrt{\dfrac{40}{x}}=\sqrt{\dfrac{2^3\times5}{x}}$가 자연수가 되려면
$x=2\times5,\ 2^3\times5$이어야 한다.
따라서 가장 작은 자연수 x의 값은 $2\times5=10$이다.

10 $\sqrt{\dfrac{72}{x}}=\sqrt{\dfrac{2^3\times3^2}{x}}$이 자연수가 되려면
$x=2,\ 2\times3^2,\ 2^3,\ 2^3\times3^2$이어야 한다.
따라서 가장 작은 자연수 x의 값은 2이다.

12 $\sqrt{19+x}$가 자연수가 되려면
$19+x=25,\ 36,\ 49,\ \cdots$이므로
$x=6,\ 17,\ 30,\ \cdots$이어야 한다.
따라서 가장 작은 자연수 x의 값은 6이다.

13 $\sqrt{40+x}$가 자연수가 되려면
$40+x=49,\ 64,\ 81,\ \cdots$이므로
$x=9,\ 24,\ 41,\ \cdots$이어야 한다.
따라서 가장 작은 자연수 x의 값은 9이다.

14 $\sqrt{92+x}$가 자연수가 되려면
$92+x=100,\ 121,\ 144,\ \cdots$이므로
$x=8,\ 29,\ 52,\ \cdots$이어야 한다.
따라서 가장 작은 자연수 x의 값은 8이다.

16 $\sqrt{68-x}$가 자연수가 되려면
$68-x=64,\ 49,\ 36,\ \cdots,\ 4,\ 1$이므로
$x=4,\ 19,\ 32,\ \cdots,\ 64,\ 67$이어야 한다.
따라서 가장 작은 자연수 x의 값은 4이다.

17 $\sqrt{127-x}$가 자연수가 되려면
$127-x=121,\ 100,\ 81,\ \cdots,\ 4,\ 1$이므로
$x=6,\ 27,\ 46,\ \cdots,\ 123,\ 126$이어야 한다.
따라서 가장 작은 자연수 x의 값은 6이다.

18 $\sqrt{20-x}$가 정수가 되려면
$20-x=16,\ 9,\ 4,\ 1,\ 0$이므로
$x=4,\ 11,\ 16,\ 19,\ 20$이어야 한다.
따라서 자연수 x의 값이 아닌 것은 ③ 13이다.

ACT 06

024~025쪽

02 $20>16$이므로 $\sqrt{20}>\sqrt{16}$

03 $1.6>0.7$이므로 $\sqrt{1.6}>\sqrt{0.7}$

04 $0.01<0.1$이므로 $\sqrt{0.01}<\sqrt{0.1}$

05 $\dfrac{1}{5}>\dfrac{1}{8}$이므로 $\sqrt{\dfrac{1}{5}}>\sqrt{\dfrac{1}{8}}$

07 $40>4$이므로 $\sqrt{40}>\sqrt{4}$
$\therefore\ -\sqrt{40}<-\sqrt{4}$

08 $3<4.1$이므로 $\sqrt{3}<\sqrt{4.1}$
$\therefore\ -\sqrt{3}>-\sqrt{4.1}$

09 $2.3>1.9$이므로 $\sqrt{2.3}>\sqrt{1.9}$
$\therefore\ -\sqrt{2.3}<-\sqrt{1.9}$

10 $\frac{2}{3}>\frac{2}{5}$이므로 $\sqrt{\frac{2}{3}}>\sqrt{\frac{2}{5}}$

$\therefore -\sqrt{\frac{2}{3}}<-\sqrt{\frac{2}{5}}$

12 $6=\sqrt{36}$이고 $36>35$이므로 $6>\sqrt{35}$

13 $0.2=\sqrt{0.04}$이고 $0.04<0.2$이므로 $0.2<\sqrt{0.2}$

14 $3=\sqrt{9}$이고 $7<9$이므로 $\sqrt{7}<3$

$\therefore -\sqrt{7}>-3$

15 $1.3=\sqrt{1.69}$이고 $2>1.69$이므로 $\sqrt{2}>1.3$

$\therefore -\sqrt{2}<-1.3$

16 $\frac{3}{4}=\sqrt{\frac{9}{16}}$이고 $\frac{9}{16}<\frac{5}{8}$이므로 $\frac{3}{4}<\sqrt{\frac{5}{8}}$

$\therefore -\frac{3}{4}>-\sqrt{\frac{5}{8}}$

17 두 양수 $\frac{1}{4}$, $\sqrt{\frac{1}{6}}$의 크기를 비교하면

$\frac{1}{4}=\frac{1}{16}$이고 $\frac{1}{16}<\frac{1}{6}$이므로 $\frac{1}{4}<\sqrt{\frac{1}{6}}$

두 음수 $-\sqrt{5}$, -3의 크기를 비교하면

$3=\sqrt{9}$이고 $5<9$이므로 $-\sqrt{5}>-3$

따라서 큰 것부터 차례대로 쓰면

$\sqrt{\frac{1}{6}}$, $\frac{1}{4}$, $-\sqrt{5}$, -3

18 두 양수 2, $\sqrt{13}$의 크기를 비교하면

$2=\sqrt{4}$이고 $4<13$이므로 $2<\sqrt{13}$

두 음수 $-\sqrt{\frac{1}{7}}$, $-\frac{1}{5}$의 크기를 비교하면

$\frac{1}{5}=\frac{1}{25}$이고 $\frac{1}{7}>\frac{1}{25}$이므로 $-\sqrt{\frac{1}{7}}<-\frac{1}{5}$

따라서 큰 것부터 차례대로 쓰면

$\sqrt{13}$, 2, $-\frac{1}{5}$, $-\sqrt{\frac{1}{7}}$

19 두 양수 6, $\sqrt{\frac{25}{4}}$의 크기를 비교하면

$\sqrt{\frac{25}{4}}=\frac{5}{2}$이고 $6>\frac{5}{2}$이므로 $6>\sqrt{\frac{25}{4}}$

두 음수 $-\sqrt{3}$, $-\sqrt{\frac{9}{2}}$의 크기를 비교하면

$3<\frac{9}{2}$이므로 $-\sqrt{3}>-\sqrt{\frac{9}{2}}$

따라서 큰 것부터 차례대로 쓰면

6, $\sqrt{\frac{25}{4}}$, $-\sqrt{3}$, $-\sqrt{\frac{9}{2}}$

20 ① $3<7$이므로 $\sqrt{3}<\sqrt{7}$

② $\frac{1}{2}>\frac{1}{3}$이므로 $-\sqrt{\frac{1}{2}}<-\sqrt{\frac{1}{3}}$

③ $6=\sqrt{36}$이고 $36<40$이므로 $6<\sqrt{40}$

④ $8=\sqrt{64}$이고 $8<64$이므로 $-\sqrt{8}>-8$

⑤ $2=\sqrt{4}$이고 $\frac{3}{2}<4$이므로 $\sqrt{\frac{3}{2}}<2$

따라서 옳은 것은 ②이다.

ACT 07 028~029쪽

02 $\sqrt{16}=4$

04 $1.\dot{2}\dot{3}=\frac{122}{99}$

06 $\sqrt{\frac{16}{4}}=\sqrt{4}=2$

07 $\sqrt{144}=12$이므로 유리수이다.

08 5π는 순환소수가 아닌 무한소수이다.

10 $\sqrt{15}$는 $\frac{(\text{정수})}{(0\text{이 아닌 정수})}$ 꼴로 나타낼 수 없다.

ACT 08 030~031쪽

02 $\overline{AC}^2=3^2+2^2=13$이므로 $\overline{AC}=\sqrt{13}$ ($\because \overline{AC}>0$)

$\overline{AP}=\overline{AC}=\sqrt{13}$이고 점 P는 원점으로부터 오른쪽으로 $\sqrt{13}$만큼 떨어져 있으므로 점 P에 대응하는 수는 $\sqrt{13}$이다.

03 $\overline{AC}^2=2^2+1^2=5$이므로 $\overline{AC}=\sqrt{5}$ ($\because \overline{AC}>0$)

$\overline{AP}=\overline{AC}=\sqrt{5}$이고 점 P는 2를 나타내는 점으로부터 오른쪽으로 $\sqrt{5}$만큼 떨어져 있으므로 점 P에 대응하는 수는 $2+\sqrt{5}$이다.

04 $\overline{AC}^2=2^2+2^2=8$이므로 $\overline{AC}=\sqrt{8}$ ($\because \overline{AC}>0$)

$\overline{AP}=\overline{AC}=\sqrt{8}$이고 점 P는 1을 나타내는 점으로부터 왼쪽으로 $\sqrt{8}$만큼 떨어져 있으므로 점 P에 대응하는 수는 $1-\sqrt{8}$이다.

05 $\overline{BD}^2=1^2+1^2=2$이므로 $\overline{BD}=\sqrt{2}$ ($\because \overline{BD}>0$)

$\therefore \overline{BP}=\overline{BD}=\overline{CA}=\overline{CQ}=\sqrt{2}$

따라서 점 P에 대응하는 수는 $\sqrt{2}$, 점 Q에 대응하는 수는 $1-\sqrt{2}$이다.

06 점 P에 대응하는 수는 $1+\sqrt{2}$, 점 Q에 대응하는 수는 $2-\sqrt{2}$이다.

07 점 P에 대응하는 수는 $-3+\sqrt{2}$, 점 Q에 대응하는 수는 $-2-\sqrt{2}$이다.

08 $\overline{AC}^2=\overline{DF}^2=1^2+1^2=2$이므로
$\overline{AC}=\overline{DF}=\sqrt{2}$ ($\because \overline{AC}>0$, $\overline{DF}>0$)
$\therefore \overline{CP}=\overline{CA}=\overline{DF}=\overline{DQ}=\sqrt{2}$
따라서 점 P에 대응하는 수는 $-1-\sqrt{2}$, 점 Q에 대응하는 수는 $2+\sqrt{2}$이다.

09 $\overline{CD}^2=1^2+1^2=2$이므로 $\overline{CD}=\sqrt{2}$ ($\because \overline{CD}>0$)
$\therefore \overline{CQ}=\overline{CD}=\overline{CB}=\overline{CP}=\sqrt{2}$
따라서 점 P에 대응하는 수는 $1-\sqrt{2}$, 점 Q에 대응하는 수는 $1+\sqrt{2}$이다.

10 $\overline{CD}^2=2^2+1^2=5$이므로 $\overline{CD}=\sqrt{5}$ ($\because \overline{CD}>0$)
$\therefore \overline{CQ}=\overline{CD}=\overline{CB}=\overline{CP}=\sqrt{5}$
따라서 점 P에 대응하는 수는 $-3-\sqrt{5}$, 점 Q에 대응하는 수는 $-3+\sqrt{5}$이다.

11 $\overline{CD}^2=1^2+3^2=10$이므로 $\overline{CD}=\sqrt{10}$ ($\because \overline{CD}>0$)
$\therefore \overline{CQ}=\overline{CD}=\overline{CB}=\overline{CP}=\sqrt{10}$
따라서 점 P에 대응하는 수는 $3-\sqrt{10}$, 점 Q에 대응하는 수는 $3+\sqrt{10}$이다.

ACT 09 032~033쪽

01 모든 무리수는 수직선 위의 점에 대응시킬 수 있으므로 수직선 위에 $1-\sqrt{2}$에 대응하는 점을 나타낼 수 있다.

04 수직선은 실수, 즉 유리수와 무리수에 대응하는 점들로 완전히 메울 수 있으므로 유리수에 대응하는 점만으로 완전히 메울 수 없다.

06 $4=\sqrt{16}$, $5=\sqrt{25}$이므로 $4<\sqrt{24}<5$
따라서 $\sqrt{24}$에 대응하는 점은 C이다.

07 $1=\sqrt{1}$, $2=\sqrt{4}$이므로 $1<\sqrt{\dfrac{5}{2}}<2$
따라서 $\sqrt{\dfrac{5}{2}}$에 대응하는 점은 A이다.

09 양변에 $\sqrt{6}$을 더하면
$3=\sqrt{9}>\sqrt{8}$
$\therefore 3-\sqrt{6}>\sqrt{8}-\sqrt{6}$

10 양변에서 $\sqrt{2}$를 빼면
$2=\sqrt{4}>\sqrt{3}$
$\therefore \sqrt{2}+2>\sqrt{2}+\sqrt{3}$

11 양변에서 $\sqrt{7}$을 빼면
$\sqrt{15}<4=\sqrt{16}$
$\therefore \sqrt{15}+\sqrt{7}<4+\sqrt{7}$

12 양변에 $\sqrt{8}$을 더하면
$5=\sqrt{25}>\sqrt{21}$
$\therefore 5-\sqrt{8}>\sqrt{21}-\sqrt{8}$

13 양변에서 $\sqrt{11}$을 빼면
$-4<-3$
$\therefore -4+\sqrt{11}<-3+\sqrt{11}$

14 양변에서 10을 빼면
$-\sqrt{2}>-\sqrt{3}$
$\therefore 10-\sqrt{2}>10-\sqrt{3}$

16 $\sqrt{3}+3=1.732\cdots+3=4.732\cdots$이므로
$4<\sqrt{3}+3$

17 $\sqrt{13}+2=3.\cdots+2=5.\cdots$이므로
$\sqrt{13}+2>5$

18 $\sqrt{3}-1=1.732\cdots-1=0.732\cdots$이므로
$1>\sqrt{3}-1$

19 $7-\sqrt{2}=7-1.414\cdots=5.\cdots$이므로
$7-\sqrt{2}>5$

20 $6-\sqrt{14}=6-3.\cdots=2.\cdots$이므로
$6-\sqrt{14}<3$

034~035쪽

02 $x\geq-7$일 때, $x+7\geq0$이므로
$\sqrt{(x+7)^2}=x+7$
$x<-7$일 때, $x+7<0$이므로
$\sqrt{(x+7)^2}=-(x+7)=-x-7$

03 $x\geq -11$일 때, $x+11\geq 0$이므로
$-\sqrt{(x+11)^2}=-(x+11)=-x-11$
$x<-11$일 때, $x+11<0$이므로
$-\sqrt{(x+11)^2}=-\{-(x+11)\}=x+11$

04 $a\geq b$일 때, $a-b\geq 0$이므로
$-\sqrt{(a-b)^2}=-(a-b)=-a+b$
$a<b$일 때, $a-b<0$이므로
$-\sqrt{(a-b)^2}=-\{-(a-b)\}=a-b$

05 (2) $1>a$이므로 $1-a>0$
➡ $-\sqrt{(1-a)^2}=-(1-a)=a-1$
(4) $a<1$이므로 $a-1<0$
➡ $-\sqrt{(a-1)^2}=-\{-(a-1)\}=a-1$

06 (1) $x>0$이므로 $\sqrt{x^2}=x$
$x<4$이므로 $x-4<0$
➡ $\sqrt{(x-4)^2}=-(x-4)=-x+4$
$\therefore \sqrt{x^2}+\sqrt{(x-4)^2}$
$=x+(-x+4)=4$
(2) $4>x$이므로 $4-x>0$
➡ $\sqrt{(4-x)^2}=4-x$
$x>0$이므로 $-x<0$
➡ $\sqrt{(-x)^2}=-(-x)=x$
$\therefore \sqrt{(4-x)^2}-\sqrt{(-x)^2}$
$=(4-x)-x$
$=4-2x$

07 $x>3$이므로 $x-3>0$
➡ $\sqrt{(x-3)^2}=x-3$
$8>x$이므로 $8-x>0$
➡ $\sqrt{(8-x)^2}=8-x$
$\therefore \sqrt{(x-3)^2}-\sqrt{(8-x)^2}$
$=(x-3)-(8-x)$
$=2x-11$

08 (1) $2<\sqrt{x}<3$
$4<x<9$ (각 변을 제곱한다.)
따라서 자연수 x의 값은 5, 6, 7, 8이다.
(2) $3<\sqrt{4x}\leq 5$
$9<4x\leq 25$ (각 변을 제곱한다.)
$\frac{9}{4}<x\leq\frac{25}{4}$ (각 변을 x의 계수 4로 나눈다.)
따라서 자연수 x의 값은 3, 4, 5, 6이다.
(3) $1\leq\sqrt{\frac{x}{2}}<2$
$1\leq\frac{x}{2}<4$ (각 변을 제곱한다.)
$2\leq x<8$ (각 변에 2를 곱한다.)
따라서 자연수 x의 값은 2, 3, 4, 5, 6, 7이다.
(4) $-2<-\sqrt{x}<-1$
$2>\sqrt{x}>1$ (각 변에 -1을 곱한다.)
$4>x>1$ (각 변을 제곱한다.)
따라서 자연수 x의 값은 2, 3이다.
(5) $2<\sqrt{x+3}<3$
$4<x+3<9$ (각 변을 제곱한다.)
$1<x<6$ (각 변에서 3을 뺀다.)
따라서 자연수 x의 값은 2, 3, 4, 5이다.

09 $1\leq\sqrt{5n-4}<7$
$1\leq 5n-4<49$ (각 변을 제곱한다.)
$5\leq 5n<53$ (각 변에 4를 더한다.)
$1\leq n<\frac{53}{5}$ (각 변을 n의 계수 5로 나눈다.)
따라서 자연수 n의 값은 1부터 10까지로 10개이다.

10 (2) $9<12<16$, 즉 $\sqrt{9}<\sqrt{12}<\sqrt{16}$이므로
$3<\sqrt{12}<4$
따라서 $\sqrt{12}$ 이하의 자연수는 1, 2, 3이다.
(3) $16<20<25$, 즉 $\sqrt{16}<\sqrt{20}<\sqrt{25}$이므로
$4<\sqrt{20}<5$
따라서 $\sqrt{20}$ 이하의 자연수는 1, 2, 3, 4이다.

11 (1) $f(30)=(\sqrt{30}$ 이하의 자연수의 개수$)$이므로
$25<30<36$, 즉 $\sqrt{25}<\sqrt{30}<\sqrt{36}$
$5<\sqrt{30}<6$이므로 $\sqrt{30}$ 이하의 자연수는 1, 2, 3, 4, 5의 5개이다.
$\therefore f(30)=5$
(2) $\sqrt{1}=1$, $\sqrt{4}=2$, $\sqrt{9}=3$이므로
$f(1)=f(2)=f(3)=1$
$f(4)=f(5)=f(6)=f(7)=f(8)=2$
$f(9)=3$
$\therefore f(1)+f(2)+\cdots+f(9)$
$=1\times 3+2\times 5+3=16$

TEST 01 036~037쪽

06 ① $\sqrt{81}$은 9와 같다.
② $\sqrt{(-2)^2}=2$이다.
③ 0의 제곱근은 0이다.
④ 6의 음의 제곱근은 $-\sqrt{6}$이다.
따라서 옳은 것은 ⑤이다.

08 $6x>0$이므로
$-\sqrt{(6x)^2}=-6x$

09 $\sqrt{(-5)^2}-\sqrt{(-11)^2}=5-11=-6$

10 $\sqrt{15^2}\div\sqrt{(-3)^2}=15\div3=5$

11 $-5a<0$, $3a>0$이므로
$\sqrt{(-5a)^2}-\sqrt{(3a)^2}$
$=-(-5a)-3a$
$=5a-3a=2a$

12 $9a^2=(3a)^2$이고 $3a<0$, $-7a>0$이므로
$-\sqrt{9a^2}+\sqrt{(-7a)^2}$
$=-(-3a)+(-7a)$
$=3a-7a=-4a$

13 $\sqrt{90x}=\sqrt{2\times3^2\times5\times x}$가 자연수가 되려면
$x=2\times5\times(\text{자연수})^2$ 꼴이어야 한다.
따라서 가장 작은 자연수 x의 값은 $2\times5=10$이다.

14 $\sqrt{23+x}$가 자연수가 되려면
$23+x=25, 36, 49, \cdots$이므로
$x=2, 13, 26, \cdots$이어야 한다.
따라서 가장 작은 자연수 x의 값은 2이다.

15 $15>12$이므로 $\sqrt{15}>\sqrt{12}$

16 $\frac{1}{2}=\sqrt{\frac{1}{4}}$이고 $\frac{3}{8}>\frac{1}{4}$이므로 $\sqrt{\frac{3}{8}}>\frac{1}{2}$
$\therefore -\sqrt{\frac{3}{8}}<-\frac{1}{2}$

17 ② $\sqrt{9}=3$이므로 유리수이다.
③ $5.\dot{7}=\frac{52}{9}$이므로 유리수이다.
⑤ $\sqrt{\frac{1}{400}}=\frac{1}{20}$이므로 유리수이다.
따라서 무리수인 것은 ④이다.

18 $\overline{CD}^2=1^2+2^2=5$이므로 $\overline{CD}=\sqrt{5}$ ($\because \overline{CD}>0$)
$\overline{CQ}=\overline{CD}=\overline{CB}=\overline{CP}=\sqrt{5}$
따라서 점 P에 대응하는 수는 $2-\sqrt{5}$, 점 Q에 대응하는 수는 $2+\sqrt{5}$이다.

19 양변에서 $\sqrt{27}$을 빼면
$-\sqrt{3}<-\sqrt{2}$
$\therefore -\sqrt{3}+\sqrt{27}<-\sqrt{2}+\sqrt{27}$

20 $\sqrt{6}-2=2.\cdots-2=0.\cdots$이므로
$1>\sqrt{6}-2$

Chapter Ⅱ 제곱근을 포함한 식의 계산

042~043쪽

02 $\sqrt{3}\sqrt{2}=\sqrt{3\times2}=\sqrt{6}$

03 $\sqrt{5}(-\sqrt{7})=-\sqrt{5\times7}=-\sqrt{35}$

04 $\sqrt{2}\sqrt{18}=\sqrt{2\times18}=\sqrt{36}=6$

05 $\sqrt{33}\times\sqrt{\frac{7}{11}}=\sqrt{33\times\frac{7}{11}}=\sqrt{21}$

07 $\sqrt{10}\times\sqrt{\frac{3}{5}}\times\sqrt{5}=\sqrt{10\times\frac{3}{5}\times5}=\sqrt{30}$

09 $3\times4\sqrt{5}=(3\times4)\times\sqrt{5}=12\sqrt{5}$

10 $2\sqrt{3}\times5\sqrt{11}=(2\times5)\times\sqrt{3\times11}=10\sqrt{33}$

11 $4\sqrt{3}\times(-5\sqrt{7})=\{4\times(-5)\}\times\sqrt{3\times7}=-20\sqrt{21}$

12 $4\sqrt{5}\times2\sqrt{5}=(4\times2)\times\sqrt{5\times5}=8\sqrt{5^2}=8\times5=40$

13 $4\sqrt{\frac{14}{5}}\times2\sqrt{\frac{15}{7}}=(4\times2)\times\sqrt{\frac{14}{5}\times\frac{15}{7}}=8\sqrt{6}$

14 $5\sqrt{0.4}\times(-3\sqrt{5})=\{5\times(-3)\}\times\sqrt{0.4\times5}=-15\sqrt{2}$

16 $\frac{\sqrt{18}}{\sqrt{3}}=\sqrt{\frac{18}{3}}=\sqrt{6}$

17 $-\frac{\sqrt{10}}{\sqrt{5}}=-\sqrt{\frac{10}{5}}=-\sqrt{2}$

18 $\sqrt{64}\div\sqrt{4}=\frac{\sqrt{64}}{\sqrt{4}}=\sqrt{\frac{64}{4}}=\sqrt{16}=4$

19 $\sqrt{91}\div\sqrt{7}=\frac{\sqrt{91}}{\sqrt{7}}=\sqrt{\frac{91}{7}}=\sqrt{13}$

20 $(-\sqrt{45})\div\sqrt{3}=-\frac{\sqrt{45}}{\sqrt{3}}=-\sqrt{\frac{45}{3}}=-\sqrt{15}$

22 $4\sqrt{105}\div\sqrt{5}=4\sqrt{\frac{105}{5}}=4\sqrt{21}$

23 $8\sqrt{34}\div(-4\sqrt{2})=-\frac{8}{4}\sqrt{\frac{34}{2}}=-2\sqrt{17}$

25 $\frac{\sqrt{14}}{\sqrt{5}}\div\frac{\sqrt{7}}{\sqrt{15}}=\frac{\sqrt{14}}{\sqrt{5}}\times\frac{\sqrt{15}}{\sqrt{7}}=\sqrt{\frac{14}{5}\times\frac{15}{7}}=\sqrt{6}$

ACT 12 044~045쪽

02 $2\sqrt{5}=\sqrt{2^2\times5}=\sqrt{20}$

03 $-3\sqrt{7}=-\sqrt{3^2\times7}=-\sqrt{63}$

04 $8\sqrt{11}=\sqrt{8^2\times11}=\sqrt{704}$

05 $-3\sqrt{5}=-\sqrt{3^2\times5}=-\sqrt{45}$

06 $-5\sqrt{2}=-\sqrt{5^2\times2}=-\sqrt{50}$

08 $\frac{\sqrt{3}}{5}=\sqrt{\frac{3}{5^2}}=\sqrt{\frac{3}{25}}$

09 $-\frac{\sqrt{7}}{3}=-\sqrt{\frac{7}{3^2}}=-\sqrt{\frac{7}{9}}$

10 $-\frac{\sqrt{14}}{5}=-\sqrt{\frac{14}{5^2}}=-\sqrt{\frac{14}{25}}$

11 $\frac{\sqrt{7}}{6}=\sqrt{\frac{7}{6^2}}=\sqrt{\frac{7}{36}}$

13 $\sqrt{27}=\sqrt{3^2\times3}=3\sqrt{3}$

14 $-\sqrt{28}=-\sqrt{2^2\times7}=-2\sqrt{7}$

15 $\sqrt{50}=\sqrt{5^2\times2}=5\sqrt{2}$

16 $-\sqrt{147}=-\sqrt{7^2\times3}=-7\sqrt{3}$

18 $\sqrt{\frac{7}{4}}=\sqrt{\frac{7}{2^2}}=\frac{\sqrt{7}}{2}$

19 $\sqrt{\frac{5}{9}}=\sqrt{\frac{5}{3^2}}=\frac{\sqrt{5}}{3}$

20 $\sqrt{\frac{33}{144}}=\sqrt{\frac{33}{12^2}}=\frac{\sqrt{33}}{12}$

21 $\sqrt{\frac{6}{27}}=\sqrt{\frac{2}{9}}=\sqrt{\frac{2}{3^2}}=\frac{\sqrt{2}}{3}$

23 $\sqrt{0.37}=\sqrt{\frac{37}{100}}=\sqrt{\frac{37}{10^2}}=\frac{\sqrt{37}}{10}$

24 $\sqrt{250}=\sqrt{5^2\times10}=5\sqrt{10}$이므로 $a=5$
$\sqrt{84}=\sqrt{2^2\times21}=2\sqrt{21}$이므로 $b=21$
$\therefore b-a=21-5=16$

ACT 13 046~047쪽

02 $\frac{1}{\sqrt{2}}=\frac{1\times\sqrt{2}}{\sqrt{2}\times\sqrt{2}}=\frac{\sqrt{2}}{2}$

03 $\frac{6}{\sqrt{5}}=\frac{6\times\sqrt{5}}{\sqrt{5}\times\sqrt{5}}=\frac{6\sqrt{5}}{5}$

04 $-\frac{5}{\sqrt{7}}=-\frac{5\times\sqrt{7}}{\sqrt{7}\times\sqrt{7}}=-\frac{5\sqrt{7}}{7}$

06 $\frac{\sqrt{5}}{\sqrt{2}}=\frac{\sqrt{5}\times\sqrt{2}}{\sqrt{2}\times\sqrt{2}}=\frac{\sqrt{10}}{2}$

07 $-\frac{\sqrt{3}}{\sqrt{7}}=-\frac{\sqrt{3}\times\sqrt{7}}{\sqrt{7}\times\sqrt{7}}=-\frac{\sqrt{21}}{7}$

08 $\frac{\sqrt{11}}{\sqrt{5}}=\frac{\sqrt{11}\times\sqrt{5}}{\sqrt{5}\times\sqrt{5}}=\frac{\sqrt{55}}{5}$

09 $-\frac{\sqrt{10}}{\sqrt{11}}=-\frac{\sqrt{10}\times\sqrt{11}}{\sqrt{11}\times\sqrt{11}}=-\frac{\sqrt{110}}{11}$

11 $\frac{1}{3\sqrt{5}}=\frac{1\times\sqrt{5}}{3\sqrt{5}\times\sqrt{5}}=\frac{\sqrt{5}}{15}$

12 $\frac{2}{5\sqrt{7}}=\frac{2\times\sqrt{7}}{5\sqrt{7}\times\sqrt{7}}=\frac{2\sqrt{7}}{35}$

13 $\frac{\sqrt{11}}{9\sqrt{2}}=\frac{\sqrt{11}\times\sqrt{2}}{9\sqrt{2}\times\sqrt{2}}=\frac{\sqrt{22}}{18}$

14 $\frac{\sqrt{5}}{7\sqrt{3}}=\frac{\sqrt{5}\times\sqrt{3}}{7\sqrt{3}\times\sqrt{3}}=\frac{\sqrt{15}}{21}$

15 $\frac{\sqrt{2}}{\sqrt{3}\sqrt{7}}=\frac{\sqrt{2}}{\sqrt{21}}=\frac{\sqrt{2}\times\sqrt{21}}{\sqrt{21}\times\sqrt{21}}=\frac{\sqrt{42}}{21}$

16 $\frac{\sqrt{7}}{\sqrt{2}\sqrt{5}}=\frac{\sqrt{7}}{\sqrt{10}}=\frac{\sqrt{7}\times\sqrt{10}}{\sqrt{10}\times\sqrt{10}}=\frac{\sqrt{70}}{10}$

18 $\frac{1}{\sqrt{8}}=\frac{1}{2\sqrt{2}}=\frac{1\times\sqrt{2}}{2\sqrt{2}\times\sqrt{2}}=\frac{\sqrt{2}}{4}$

19 $\frac{13}{\sqrt{20}}=\frac{13}{2\sqrt{5}}=\frac{13\times\sqrt{5}}{2\sqrt{5}\times\sqrt{5}}=\frac{13\sqrt{5}}{10}$

20 $-\frac{3}{\sqrt{24}}=-\frac{3}{2\sqrt{6}}=-\frac{3\times\sqrt{6}}{2\sqrt{6}\times\sqrt{6}}=-\frac{3\sqrt{6}}{12}=-\frac{\sqrt{6}}{4}$

21 $\dfrac{\sqrt{5}}{\sqrt{54}}=\dfrac{\sqrt{5}}{3\sqrt{6}}=\dfrac{\sqrt{5}\times\sqrt{6}}{3\sqrt{6}\times\sqrt{6}}=\dfrac{\sqrt{30}}{18}$

22 $\dfrac{3}{6\sqrt{3}}=\dfrac{3\times\sqrt{3}}{6\sqrt{3}\times\sqrt{3}}=\dfrac{3\sqrt{3}}{18}=\dfrac{1}{6}\sqrt{3}$이므로 $a=\dfrac{1}{6}$

$\dfrac{7}{\sqrt{6}}=\dfrac{7\times\sqrt{6}}{\sqrt{6}\times\sqrt{6}}=\dfrac{7}{6}\sqrt{6}$이므로 $b=\dfrac{7}{6}$

$\therefore a+b=\dfrac{1}{6}+\dfrac{7}{6}=\dfrac{8}{6}=\dfrac{4}{3}$

ACT 14 048~049쪽

02 $2\sqrt{2}\times\sqrt{24}=2\sqrt{2}\times2\sqrt{6}=4\sqrt{12}=8\sqrt{3}$

03 $\sqrt{21}\times\sqrt{35}=\sqrt{3\times5\times7^2}=7\sqrt{15}$

04 $\sqrt{6}\times\sqrt{\dfrac{5}{18}}=\sqrt{6}\times\dfrac{\sqrt{5}}{3\sqrt{2}}=\dfrac{1}{3}\sqrt{6\times\dfrac{5}{2}}=\dfrac{\sqrt{15}}{3}$

05 $\sqrt{\dfrac{5}{3}}\times\sqrt{\dfrac{2}{5}}=\sqrt{\dfrac{5}{3}\times\dfrac{2}{5}}=\dfrac{\sqrt{2}}{\sqrt{3}}=\dfrac{\sqrt{6}}{3}$

06 $2\sqrt{\dfrac{2}{3}}\times\sqrt{\dfrac{3}{5}}=2\sqrt{\dfrac{2}{3}\times\dfrac{3}{5}}=\dfrac{2\sqrt{2}}{\sqrt{5}}=\dfrac{2\sqrt{10}}{5}$

08 $\sqrt{3}\div\sqrt{18}=\sqrt{3}\div3\sqrt{2}=\dfrac{\sqrt{3}}{3\sqrt{2}}=\dfrac{\sqrt{6}}{6}$

09 $\sqrt{32}\div2\sqrt{12}=4\sqrt{2}\div4\sqrt{3}=\dfrac{\sqrt{2}}{\sqrt{3}}=\dfrac{\sqrt{6}}{3}$

10 $\sqrt{2}\div\dfrac{\sqrt{3}}{\sqrt{5}}=\sqrt{2}\times\dfrac{\sqrt{5}}{\sqrt{3}}=\sqrt{2\times\dfrac{5}{3}}=\dfrac{\sqrt{10}}{\sqrt{3}}=\dfrac{\sqrt{30}}{3}$

11 $8\sqrt{\dfrac{2}{9}}\div\sqrt{\dfrac{4}{3}}=\dfrac{8\sqrt{2}}{3}\div\dfrac{2}{\sqrt{3}}=\dfrac{8\sqrt{2}}{3}\times\dfrac{\sqrt{3}}{2}$

$=\left(\dfrac{8}{3}\times\dfrac{1}{2}\right)\times\sqrt{2\times3}=\dfrac{4\sqrt{6}}{3}$

12 $\dfrac{\sqrt{2}}{\sqrt{3}}\div\sqrt{6}=\dfrac{\sqrt{2}}{\sqrt{3}}\times\dfrac{1}{\sqrt{6}}=\sqrt{\dfrac{2}{3}\times\dfrac{1}{6}}=\dfrac{1}{\sqrt{9}}=\dfrac{1}{3}$

13 $6\sqrt{\dfrac{9}{2}}\div3\sqrt{\dfrac{9}{5}}=\dfrac{18}{\sqrt{2}}\div\dfrac{9}{\sqrt{5}}=\dfrac{18}{\sqrt{2}}\times\dfrac{\sqrt{5}}{9}$

$=\left(18\times\dfrac{1}{9}\right)\times\sqrt{\dfrac{1}{2}\times5}$

$=2\sqrt{\dfrac{5}{2}}=\dfrac{2\sqrt{5}}{\sqrt{2}}=\dfrac{2\sqrt{10}}{2}=\sqrt{10}$

15 $\sqrt{3}\div\sqrt{6}\times\sqrt{5}=\sqrt{3}\times\dfrac{1}{\sqrt{6}}\times\sqrt{5}$

$=\sqrt{3\times\dfrac{1}{6}\times5}=\dfrac{\sqrt{5}}{\sqrt{2}}=\dfrac{\sqrt{10}}{2}$

16 $6\sqrt{2}\div3\sqrt{3}\times\sqrt{5}=6\sqrt{2}\times\dfrac{1}{3\sqrt{3}}\times\sqrt{5}$

$=\left(6\times\dfrac{1}{3}\right)\times\sqrt{2\times\dfrac{1}{3}\times5}$

$=2\sqrt{\dfrac{10}{3}}=\dfrac{2\sqrt{10}}{\sqrt{3}}=\dfrac{2\sqrt{30}}{3}$

17 $\sqrt{10}\times\sqrt{\dfrac{3}{10}}\div\sqrt{5}=\sqrt{10}\times\dfrac{\sqrt{3}}{\sqrt{10}}\times\dfrac{1}{\sqrt{5}}$

$=\sqrt{10\times\dfrac{3}{10}\times\dfrac{1}{5}}$

$=\dfrac{\sqrt{3}}{\sqrt{5}}=\dfrac{\sqrt{15}}{5}$

18 $2\sqrt{3}\times\sqrt{2}\div(-2\sqrt{2})$

$=2\sqrt{3}\times\sqrt{2}\times\left(-\dfrac{1}{2\sqrt{2}}\right)$

$=\left\{2\times\left(-\dfrac{1}{2}\right)\right\}\times\sqrt{3\times2\times\dfrac{1}{2}}=-\sqrt{3}$

19 $\dfrac{4\sqrt{3}}{\sqrt{11}}\times\sqrt{33}\div\dfrac{\sqrt{2}}{\sqrt{3}}=\dfrac{4\sqrt{3}}{\sqrt{11}}\times\sqrt{33}\times\dfrac{\sqrt{3}}{\sqrt{2}}$

$=4\sqrt{\dfrac{3}{11}\times33\times\dfrac{3}{2}}$

$=4\sqrt{\dfrac{27}{2}}=\dfrac{12\sqrt{3}}{\sqrt{2}}=\dfrac{12\sqrt{6}}{2}=6\sqrt{6}$

20 $\sqrt{24}\div\sqrt{8}\times\sqrt{2}=2\sqrt{6}\times\dfrac{1}{2\sqrt{2}}\times\sqrt{2}$

$=\left(2\times\dfrac{1}{2}\right)\times\sqrt{6\times\dfrac{1}{2}\times2}=\sqrt{6}$

21 $\dfrac{\sqrt{2}}{\sqrt{15}}\div\dfrac{\sqrt{5}}{3}\times\dfrac{\sqrt{10}}{\sqrt{2}}=\dfrac{\sqrt{2}}{\sqrt{15}}\times\dfrac{3}{\sqrt{5}}\times\dfrac{\sqrt{10}}{\sqrt{2}}$

$=3\sqrt{\dfrac{2}{15}\times\dfrac{1}{5}\times\dfrac{10}{2}}$

$=3\sqrt{\dfrac{2}{15}}=\dfrac{3\sqrt{2}}{\sqrt{15}}$

$=\dfrac{3\sqrt{30}}{15}=\dfrac{\sqrt{30}}{5}$

22 $(-\sqrt{18})\div\dfrac{\sqrt{21}}{\sqrt{3}}\times\sqrt{\dfrac{7}{2}}=(-3\sqrt{2})\times\dfrac{\sqrt{3}}{\sqrt{21}}\times\dfrac{\sqrt{7}}{\sqrt{2}}$

$=-3\sqrt{2\times\dfrac{3}{21}\times\dfrac{7}{2}}$

$=-3$

23 $\sqrt{\frac{2}{9}} \times \sqrt{27} \div \sqrt{12} = \frac{\sqrt{2}}{3} \times 3\sqrt{3} \times \frac{1}{2\sqrt{3}}$

$= \left(\frac{1}{3} \times 3 \times \frac{1}{2}\right) \times \sqrt{2 \times 3 \times \frac{1}{3}}$

$= \frac{\sqrt{2}}{2}$

ACT+ 15 050~051쪽

01 (1) $\sqrt{30000} = \sqrt{3 \times 10000} = 100\sqrt{3}$
$= 100 \times 1.732 = 173.2$

(2) $\sqrt{3000} = \sqrt{30 \times 100} = 10\sqrt{30} = 10 \times 5.477 = 54.77$

(3) $\sqrt{0.03} = \sqrt{\frac{3}{100}} = \frac{\sqrt{3}}{10} = \frac{1.732}{10} = 0.1732$

(4) $\sqrt{0.003} = \sqrt{\frac{30}{10000}} = \frac{\sqrt{30}}{100} = \frac{5.477}{100} = 0.05477$

02 (1) $\sqrt{1300} = \sqrt{13 \times 100} = 10\sqrt{13} = 10 \times 3.606 = 36.06$

(2) $\sqrt{130} = \sqrt{1.3 \times 100} = 10\sqrt{1.3} = 10 \times 1.140 = 11.40$

(3) $\sqrt{0.13} = \sqrt{\frac{13}{100}} = \frac{\sqrt{13}}{10} = \frac{3.606}{10} = 0.3606$

(4) $\sqrt{0.013} = \sqrt{\frac{1.3}{100}} = \frac{\sqrt{1.3}}{10} = \frac{1.140}{10} = 0.1140$

03 ① $\sqrt{0.002} = \sqrt{\frac{20}{10000}} = \frac{\sqrt{20}}{100} = \frac{4.472}{100} = 0.04472$

② $\sqrt{0.2} = \sqrt{\frac{20}{100}} = \frac{\sqrt{20}}{10} = \frac{4.472}{10} = 0.4472$

③ $\sqrt{200} = \sqrt{2 \times 100} = 10\sqrt{2} = 10 \times 1.414 = 14.14$

④ $\sqrt{2000} = \sqrt{20 \times 100} = 10\sqrt{20} = 10 \times 4.472 = 44.72$

⑤ $\sqrt{20000} = \sqrt{2 \times 10000} = 100\sqrt{2}$
$= 100 \times 1.414 = 141.4$

따라서 옳은 것은 ⑤이다.

04 ① $\sqrt{45000} = \sqrt{4.5 \times 10000} = 100\sqrt{4.5}$
$= 100 \times 2.121 = 212.1$

③ $\sqrt{450} = \sqrt{4.5 \times 100} = 10\sqrt{4.5} = 10 \times 2.121 = 21.21$

④ $\sqrt{0.045} = \sqrt{\frac{4.5}{100}} = \frac{\sqrt{4.5}}{10} = \frac{2.121}{10} = 0.2121$

⑤ $\sqrt{0.00045} = \sqrt{\frac{4.5}{10000}} = \frac{\sqrt{4.5}}{100} = \frac{2.121}{100} = 0.02121$

따라서 그 값을 구할 수 없는 것은 ②이다.

05 ① $\sqrt{55200} = \sqrt{5.52 \times 10000} = 100\sqrt{5.52}$
$= 100 \times 2.349 = 234.9$

② $\sqrt{590} = \sqrt{5.9 \times 100} = 10\sqrt{5.9} = 10 \times 2.429 = 24.29$

③ $\sqrt{571} = \sqrt{5.71 \times 100} = 10\sqrt{5.71} = 10 \times 2.390 = 23.90$

④ $\sqrt{0.0592} = \sqrt{\frac{5.92}{100}} = \frac{\sqrt{5.92}}{10} = \frac{2.433}{10} = 0.2433$

따라서 그 값을 구할 수 없는 것은 ⑤이다.

06 (1) $\sqrt{12} = \sqrt{2^2 \times 3} = (\sqrt{2})^2 \times \sqrt{3} = a^2b$

(2) $\sqrt{24} = \sqrt{2^3 \times 3} = (\sqrt{2})^3 \times \sqrt{3} = a^3b$

(3) $\sqrt{300} = \sqrt{2^2 \times 3 \times 5^2} = (\sqrt{2})^2 \times \sqrt{3} \times 5 = 5a^2b$

(4) $\sqrt{450} = \sqrt{2 \times 3^2 \times 5^2} = \sqrt{2} \times (\sqrt{3})^2 \times 5 = 5ab^2$

07 $\sqrt{45} - \sqrt{98} = \sqrt{3^2 \times 5} - \sqrt{7^2 \times 2}$
$= 3\sqrt{5} - 7\sqrt{2} = 3B - 7A$

08 $\sqrt{230} - \sqrt{0.23} = \sqrt{2.3 \times 100} - \sqrt{\frac{23}{100}}$

$= 10\sqrt{2.3} - \frac{\sqrt{23}}{10}$

$= 10X - \frac{Y}{10}$

09 $\overline{AB}$를 한 변으로 하는 정사각형의 넓이가 40이므로
$\overline{AB} = \sqrt{40} = 2\sqrt{10}$
$\overline{BC}$를 한 변으로 하는 정사각형의 넓이가 18이므로
$\overline{BC} = \sqrt{18} = 3\sqrt{2}$
$\therefore \square ABCD = \overline{AB} \times \overline{BC}$
$= 2\sqrt{10} \times 3\sqrt{2}$
$= 6\sqrt{20} = 12\sqrt{5}$

10 원뿔의 높이를 x cm라고 하면
$\frac{1}{3} \times \pi \times (2\sqrt{5})^2 \times x = 20\sqrt{6}\pi$
$\frac{20}{3}\pi x = 20\sqrt{6}\pi$
$\therefore x = 20\sqrt{6} \times \frac{3}{20} = 3\sqrt{6}$
따라서 원뿔의 높이는 $3\sqrt{6}$ cm이다.

11 (삼각형의 넓이) $= \frac{1}{2} \times x \times \sqrt{80}$
$= \frac{1}{2} \times x \times 4\sqrt{5} = 2\sqrt{5}x$
(직사각형의 넓이) $= \sqrt{60} \times \sqrt{45} = 2\sqrt{15} \times 3\sqrt{5}$
$= 6\sqrt{75} = 30\sqrt{3}$
따라서 $2\sqrt{5}x = 30\sqrt{3}$이므로
$x = \frac{30\sqrt{3}}{2\sqrt{5}} = \frac{15\sqrt{3}}{\sqrt{5}} = \frac{15\sqrt{15}}{5} = 3\sqrt{15}$

ACT 16 052~053쪽

02 $3\sqrt{3}+5\sqrt{3}=(3+5)\sqrt{3}=8\sqrt{3}$

03 $6\sqrt{2}+\sqrt{2}=(6+1)\sqrt{2}=7\sqrt{2}$

04 $\frac{\sqrt{7}}{3}+\frac{2\sqrt{7}}{9}=\frac{3\sqrt{7}}{9}+\frac{2\sqrt{7}}{9}=\frac{5\sqrt{7}}{9}$

05 $4\sqrt{2}+2\sqrt{2}+3\sqrt{2}=(4+2+3)\sqrt{2}=9\sqrt{2}$

06 $9\sqrt{5}+\sqrt{5}+2\sqrt{5}=(9+1+2)\sqrt{5}=12\sqrt{5}$

08 $\sqrt{7}-5\sqrt{7}=(1-5)\sqrt{7}=-4\sqrt{7}$

09 $\sqrt{5}-\frac{\sqrt{5}}{3}=\frac{3\sqrt{5}}{3}-\frac{\sqrt{5}}{3}=\frac{2\sqrt{5}}{3}$

10 $\frac{\sqrt{10}}{5}-\frac{3\sqrt{10}}{2}=\frac{2\sqrt{10}}{10}-\frac{15\sqrt{10}}{10}=-\frac{13\sqrt{10}}{10}$

11 $4\sqrt{3}-\sqrt{3}-\sqrt{3}=(4-1-1)\sqrt{3}=2\sqrt{3}$

12 $4\sqrt{6}-\sqrt{6}-5\sqrt{6}=(4-1-5)\sqrt{6}=-2\sqrt{6}$

14 $\sqrt{2}+\sqrt{32}=\sqrt{2}+4\sqrt{2}=(1+4)\sqrt{2}=5\sqrt{2}$

15 $\sqrt{48}+\sqrt{75}=4\sqrt{3}+5\sqrt{3}=(4+5)\sqrt{3}=9\sqrt{3}$

17 $\sqrt{45}-\sqrt{5}=3\sqrt{5}-\sqrt{5}=(3-1)\sqrt{5}=2\sqrt{5}$

18 $\sqrt{28}-\sqrt{63}=2\sqrt{7}-3\sqrt{7}=(2-3)\sqrt{7}=-\sqrt{7}$

19 $\sqrt{600}-\sqrt{150}=10\sqrt{6}-5\sqrt{6}=(10-5)\sqrt{6}=5\sqrt{6}$

21 $\sqrt{7}+4\sqrt{7}-8\sqrt{7}=(1+4-8)\sqrt{7}=-3\sqrt{7}$

22 $\sqrt{27}-\sqrt{12}+\sqrt{75}=3\sqrt{3}-2\sqrt{3}+5\sqrt{3}$
$=(3-2+5)\sqrt{3}=6\sqrt{3}$

23 $2\sqrt{2}+3\sqrt{5}-3\sqrt{2}-\sqrt{5}=(2-3)\sqrt{2}+(3-1)\sqrt{5}$
$=-\sqrt{2}+2\sqrt{5}$

24 $\sqrt{40}+\sqrt{24}+\sqrt{90}-\sqrt{54}$
$=2\sqrt{10}+2\sqrt{6}+3\sqrt{10}-3\sqrt{6}$
$=(2+3)\sqrt{10}+(2-3)\sqrt{6}$
$=5\sqrt{10}-\sqrt{6}$

25 ① $\sqrt{6}+2\sqrt{6}=(1+2)\sqrt{6}=3\sqrt{6}$
② $\sqrt{8}+\sqrt{50}+\sqrt{32}=2\sqrt{2}+5\sqrt{2}+4\sqrt{2}$
$=(2+5+4)\sqrt{2}=11\sqrt{2}$
③ $5\sqrt{5}-2\sqrt{5}-2\sqrt{5}=(5-2-2)\sqrt{5}=\sqrt{5}$
④ $6\sqrt{3}-2\sqrt{3}=(6-2)\sqrt{3}=4\sqrt{3}$
⑤ $3\sqrt{5}+\sqrt{5}-6\sqrt{5}=(3+1-6)\sqrt{5}=-2\sqrt{5}$
따라서 옳지 않은 것은 ⑤이다.

ACT 17 054~055쪽

02 $\sqrt{5}+\frac{2}{\sqrt{5}}=\sqrt{5}+\frac{2\sqrt{5}}{5}=\frac{5\sqrt{5}}{5}+\frac{2\sqrt{5}}{5}=\frac{7\sqrt{5}}{5}$

03 $\frac{\sqrt{2}}{\sqrt{3}}+\sqrt{6}=\frac{\sqrt{6}}{3}+\sqrt{6}=\frac{\sqrt{6}}{3}+\frac{3\sqrt{6}}{3}=\frac{4\sqrt{6}}{3}$

04 $\frac{\sqrt{7}}{2}+\frac{4}{\sqrt{7}}=\frac{\sqrt{7}}{2}+\frac{4\sqrt{7}}{7}=\frac{7\sqrt{7}}{14}+\frac{8\sqrt{7}}{14}=\frac{15\sqrt{7}}{14}$

05 $\frac{1}{\sqrt{3}}-\sqrt{48}=\frac{\sqrt{3}}{3}-4\sqrt{3}=\frac{\sqrt{3}}{3}-\frac{12\sqrt{3}}{3}=-\frac{11\sqrt{3}}{3}$

06 $\frac{1}{\sqrt{5}}-\frac{3\sqrt{5}}{5}=\frac{\sqrt{5}}{5}-\frac{3\sqrt{5}}{5}=-\frac{2\sqrt{5}}{5}$

07 $\frac{1}{\sqrt{40}}-\frac{\sqrt{5}}{6\sqrt{2}}=\frac{1}{2\sqrt{10}}-\frac{\sqrt{10}}{12}=\frac{\sqrt{10}}{20}-\frac{\sqrt{10}}{12}$
$=\frac{3\sqrt{10}}{60}-\frac{5\sqrt{10}}{60}=-\frac{2\sqrt{10}}{60}$
$=-\frac{\sqrt{10}}{30}$

08 $\frac{3}{\sqrt{54}}+\frac{2\sqrt{3}}{\sqrt{2}}=\frac{3}{3\sqrt{6}}+\sqrt{6}=\frac{1}{\sqrt{6}}+\sqrt{6}$
$=\frac{\sqrt{6}}{6}+\sqrt{6}=\frac{\sqrt{6}}{6}+\frac{6\sqrt{6}}{6}$
$=\frac{7\sqrt{6}}{6}$

09 $\frac{3}{\sqrt{7}}-\frac{2}{\sqrt{28}}=\frac{3\sqrt{7}}{7}-\frac{2}{2\sqrt{7}}=\frac{3\sqrt{7}}{7}-\frac{1}{\sqrt{7}}$
$=\frac{3\sqrt{7}}{7}-\frac{\sqrt{7}}{7}=\frac{2\sqrt{7}}{7}$

10 $\frac{4}{\sqrt{6}}+2\sqrt{24}=\frac{2\sqrt{6}}{3}+4\sqrt{6}=\frac{2\sqrt{6}}{3}+\frac{12\sqrt{6}}{3}=\frac{14\sqrt{6}}{3}$

11 $\frac{20}{\sqrt{6}}-\frac{4\sqrt{32}}{\sqrt{3}}=\frac{10\sqrt{6}}{3}-\frac{16\sqrt{2}}{\sqrt{3}}=\frac{10\sqrt{6}}{3}-\frac{16\sqrt{6}}{3}$
$=-\frac{6\sqrt{6}}{3}=-2\sqrt{6}$

13 $\sqrt{5}-\sqrt{20}-\frac{5}{\sqrt{5}}=\sqrt{5}-2\sqrt{5}-\sqrt{5}$
$=-2\sqrt{5}$

14 $\sqrt{\frac{7}{4}}+\sqrt{28}-\frac{14}{\sqrt{7}}=\frac{\sqrt{7}}{2}+2\sqrt{7}-2\sqrt{7}$
$=\frac{\sqrt{7}}{2}$

15 $\frac{18}{\sqrt{6}}-\frac{1}{2\sqrt{6}}-\sqrt{54}=3\sqrt{6}-\frac{\sqrt{6}}{12}-3\sqrt{6}$
$=-\frac{\sqrt{6}}{12}$

16 $\frac{\sqrt{24}}{3}+\frac{\sqrt{2}}{\sqrt{27}}-\sqrt{6}=\frac{2\sqrt{6}}{3}+\frac{\sqrt{2}}{3\sqrt{3}}-\sqrt{6}$
$=\frac{2\sqrt{6}}{3}+\frac{\sqrt{6}}{9}-\sqrt{6}$
$=-\frac{2\sqrt{6}}{9}$

17 $\sqrt{63}+\sqrt{8}-\frac{7}{\sqrt{7}}-\frac{8}{\sqrt{2}}$
$=3\sqrt{7}+2\sqrt{2}-\sqrt{7}-4\sqrt{2}$
$=2\sqrt{7}-2\sqrt{2}$

18 $\frac{12}{\sqrt{6}}-\sqrt{3}+\sqrt{96}+\frac{9}{\sqrt{3}}$
$=2\sqrt{6}-\sqrt{3}+4\sqrt{6}+3\sqrt{3}$
$=6\sqrt{6}+2\sqrt{3}$

19 $\sqrt{50}+\frac{10}{\sqrt{2}}-\frac{2}{\sqrt{10}}+\sqrt{90}$
$=5\sqrt{2}+5\sqrt{2}-\frac{\sqrt{10}}{5}+3\sqrt{10}$
$=10\sqrt{2}+\frac{14\sqrt{10}}{5}$

20 $\sqrt{7}-\frac{1}{\sqrt{3}}+3\sqrt{7}+\frac{5}{\sqrt{3}}$
$=\sqrt{7}-\frac{\sqrt{3}}{3}+3\sqrt{7}+\frac{5\sqrt{3}}{3}$
$=4\sqrt{7}+\frac{4\sqrt{3}}{3}$

21 $\sqrt{80}-\frac{11}{\sqrt{11}}-\frac{5}{\sqrt{20}}+\frac{7}{\sqrt{7}}$
$=4\sqrt{5}-\sqrt{11}-\frac{5}{2\sqrt{5}}+\sqrt{7}$
$=4\sqrt{5}-\sqrt{11}-\frac{\sqrt{5}}{2}+\sqrt{7}$
$=\frac{7\sqrt{5}}{2}-\sqrt{11}+\sqrt{7}$

22 $\sqrt{10}+\frac{3\sqrt{2}}{\sqrt{5}}-\sqrt{60}+7\sqrt{15}$
$=\sqrt{10}+\frac{3\sqrt{10}}{5}-2\sqrt{15}+7\sqrt{15}$
$=\frac{8\sqrt{10}}{5}+5\sqrt{15}$
즉, $a=\frac{8}{5}$, $b=5$이므로 $ab=\frac{8}{5}\times5=8$

ACT 18

056~057쪽

02 $-\sqrt{2}(\sqrt{2}+\sqrt{6})=-\sqrt{4}-\sqrt{12}=-2-2\sqrt{3}$

03 $\sqrt{5}(2\sqrt{5}+\sqrt{11})=2\sqrt{25}+\sqrt{55}=10+\sqrt{55}$

04 $(\sqrt{6}+\sqrt{7})\sqrt{3}=\sqrt{18}+\sqrt{21}=3\sqrt{2}+\sqrt{21}$

05 $(2\sqrt{5}+\sqrt{32})\sqrt{2}=2\sqrt{10}+\sqrt{64}=2\sqrt{10}+8$

07 $(\sqrt{2}-\sqrt{5})\sqrt{5}=\sqrt{10}-\sqrt{25}=\sqrt{10}-5$

08 $(\sqrt{8}-\sqrt{12})\sqrt{3}=\sqrt{24}-\sqrt{36}=2\sqrt{6}-6$

09 $-4\sqrt{6}(\sqrt{2}-\sqrt{3})=-4\sqrt{12}+4\sqrt{18}=-8\sqrt{3}+12\sqrt{2}$

10 $(2\sqrt{15}-3\sqrt{10})\sqrt{6}=2\sqrt{90}-3\sqrt{60}=6\sqrt{10}-6\sqrt{15}$

12 $(\sqrt{10}+\sqrt{30})\div\sqrt{5}=\frac{\sqrt{10}}{\sqrt{5}}+\frac{\sqrt{30}}{\sqrt{5}}=\sqrt{2}+\sqrt{6}$

13 $(3\sqrt{35}+\sqrt{21})\div\sqrt{7}=\frac{3\sqrt{35}}{\sqrt{7}}+\frac{\sqrt{21}}{\sqrt{7}}=3\sqrt{5}+\sqrt{3}$

14 $(8\sqrt{10}+6\sqrt{2})\div\sqrt{8}=(8\sqrt{10}+6\sqrt{2})\div2\sqrt{2}$
$=\frac{8\sqrt{10}}{2\sqrt{2}}+\frac{6\sqrt{2}}{2\sqrt{2}}$
$=4\sqrt{5}+3$

16 $(\sqrt{2}-\sqrt{6})\div\sqrt{2}=\frac{\sqrt{2}}{\sqrt{2}}-\frac{\sqrt{6}}{\sqrt{2}}=1-\sqrt{3}$

17 $(6\sqrt{42}-\sqrt{14})\div\sqrt{7}=\frac{6\sqrt{42}}{\sqrt{7}}-\frac{\sqrt{14}}{\sqrt{7}}$
$=6\sqrt{6}-\sqrt{2}$

19 $\frac{3+\sqrt{3}}{\sqrt{15}}=\frac{(3+\sqrt{3})\times\sqrt{15}}{\sqrt{15}\times\sqrt{15}}$
$=\frac{3\sqrt{15}+3\sqrt{5}}{15}$
$=\frac{\sqrt{15}+\sqrt{5}}{5}$

20 $\frac{2\sqrt{3}+\sqrt{7}}{\sqrt{2}}=\frac{(2\sqrt{3}+\sqrt{7})\times\sqrt{2}}{\sqrt{2}\times\sqrt{2}}$
$=\frac{2\sqrt{6}+\sqrt{14}}{2}$
$=\sqrt{6}+\frac{\sqrt{14}}{2}$

21 $\frac{\sqrt{15}-\sqrt{2}}{\sqrt{3}}=\frac{(\sqrt{15}-\sqrt{2})\times\sqrt{3}}{\sqrt{3}\times\sqrt{3}}$

$=\frac{3\sqrt{5}-\sqrt{6}}{3}$

$=\sqrt{5}-\frac{\sqrt{6}}{3}$

22 $\frac{3\sqrt{6}+2\sqrt{3}}{\sqrt{8}}=\frac{3\sqrt{6}+2\sqrt{3}}{2\sqrt{2}}$

$=\frac{(3\sqrt{6}+2\sqrt{3})\times\sqrt{2}}{2\sqrt{2}\times\sqrt{2}}$

$=\frac{6\sqrt{3}+2\sqrt{6}}{4}$

$=\frac{3\sqrt{3}+\sqrt{6}}{2}$

23 $\frac{2\sqrt{10}-3\sqrt{3}}{\sqrt{12}}=\frac{2\sqrt{10}-3\sqrt{3}}{2\sqrt{3}}$

$=\frac{(2\sqrt{10}-3\sqrt{3})\times\sqrt{3}}{2\sqrt{3}\times\sqrt{3}}$

$=\frac{2\sqrt{30}-9}{6}$

$=\frac{\sqrt{30}}{3}-\frac{3}{2}$

ACT 19

058~059쪽

02 $\sqrt{15}\times\sqrt{3}-\sqrt{30}\div\sqrt{6}=\sqrt{45}-\sqrt{5}=3\sqrt{5}-\sqrt{5}=2\sqrt{5}$

03 $\frac{3}{\sqrt{3}}\times\sqrt{8}-\sqrt{6}=\sqrt{3}\times2\sqrt{2}-\sqrt{6}=2\sqrt{6}-\sqrt{6}=\sqrt{6}$

04 $\sqrt{12}\times\frac{5}{\sqrt{8}}+\sqrt{32}\div\frac{\sqrt{12}}{2}$

$=2\sqrt{3}\times\frac{5}{2\sqrt{2}}+4\sqrt{2}\times\frac{2}{2\sqrt{3}}$

$=\frac{5\sqrt{3}}{\sqrt{2}}+\frac{4\sqrt{2}}{\sqrt{3}}$

$=\frac{5\sqrt{6}}{2}+\frac{4\sqrt{6}}{3}$

$=\frac{15\sqrt{6}}{6}+\frac{8\sqrt{6}}{6}$

$=\frac{23\sqrt{6}}{6}$

06 $\sqrt{5}(\sqrt{3}+\sqrt{15})+\sqrt{3}(2\sqrt{5}-5)$

$=\sqrt{15}+5\sqrt{3}+2\sqrt{15}-5\sqrt{3}$

$=3\sqrt{15}$

07 $\sqrt{7}(4\sqrt{2}-\sqrt{21})-\sqrt{2}(3\sqrt{6}+\sqrt{7})$

$=4\sqrt{14}-7\sqrt{3}-6\sqrt{3}-\sqrt{14}$

$=3\sqrt{14}-13\sqrt{3}$

08 $2\sqrt{6}(3+\sqrt{12})+\sqrt{3}(\sqrt{2}-6\sqrt{6})$

$=6\sqrt{6}+12\sqrt{2}+\sqrt{6}-18\sqrt{2}$

$=7\sqrt{6}-6\sqrt{2}$

09 $4\sqrt{2}\left(\frac{1}{\sqrt{2}}+2\right)-3\sqrt{5}\left(\sqrt{10}-\frac{2}{\sqrt{5}}\right)$

$=4+8\sqrt{2}-15\sqrt{2}+6$

$=10-7\sqrt{2}$

10 $(\sqrt{27}-5\sqrt{2})\div\sqrt{3}-\sqrt{2}\left(\sqrt{3}+\frac{1}{\sqrt{2}}\right)$

$=(3\sqrt{3}-5\sqrt{2})\div\sqrt{3}-\sqrt{2}\left(\sqrt{3}+\frac{1}{\sqrt{2}}\right)$

$=3-\frac{5\sqrt{2}}{\sqrt{3}}-\sqrt{6}-1$

$=3-\frac{5\sqrt{6}}{3}-\sqrt{6}-1$

$=2-\frac{8\sqrt{6}}{3}$

11 $(\sqrt{28}+\sqrt{42})\div\sqrt{7}+(\sqrt{20}-\sqrt{30})\div\sqrt{5}$

$=(2\sqrt{7}+\sqrt{42})\div\sqrt{7}+(2\sqrt{5}-\sqrt{30})\div\sqrt{5}$

$=2+\sqrt{6}+2-\sqrt{6}$

$=4$

12 $\frac{4-2\sqrt{2}}{\sqrt{3}}+\frac{\sqrt{2}+3}{\sqrt{6}}$

$=\frac{(4-2\sqrt{2})\times\sqrt{3}}{\sqrt{3}\times\sqrt{3}}+\frac{(\sqrt{2}+3)\times\sqrt{6}}{\sqrt{6}\times\sqrt{6}}$

$=\frac{4\sqrt{3}-2\sqrt{6}}{3}+\frac{2\sqrt{3}+3\sqrt{6}}{6}$

$=\frac{8\sqrt{3}-4\sqrt{6}+2\sqrt{3}+3\sqrt{6}}{6}$

$=\frac{10\sqrt{3}-\sqrt{6}}{6}$

$=\frac{5\sqrt{3}}{3}-\frac{\sqrt{6}}{6}$

13 $\dfrac{\sqrt{28}-\sqrt{2}}{\sqrt{7}}-\dfrac{\sqrt{18}+\sqrt{7}}{\sqrt{2}}$

$=\dfrac{(2\sqrt{7}-\sqrt{2})\times\sqrt{7}}{\sqrt{7}\times\sqrt{7}}-\dfrac{(3\sqrt{2}+\sqrt{7})\times\sqrt{2}}{\sqrt{2}\times\sqrt{2}}$

$=\dfrac{14-\sqrt{14}}{7}-\dfrac{6+\sqrt{14}}{2}$

$=2-\dfrac{\sqrt{14}}{7}-3-\dfrac{\sqrt{14}}{2}$

$=-1-\dfrac{9\sqrt{14}}{14}$

14 $\sqrt{5}\left(\dfrac{1}{\sqrt{5}}+\sqrt{20}\right)+\left(\dfrac{\sqrt{6}}{2}-\sqrt{24}\right)\div\sqrt{6}$

$=\sqrt{5}\left(\dfrac{1}{\sqrt{5}}+2\sqrt{5}\right)+\left(\dfrac{\sqrt{6}}{2}-2\sqrt{6}\right)\times\dfrac{1}{\sqrt{6}}$

$=1+10+\dfrac{1}{2}-2=\dfrac{19}{2}$

15 $\left(\dfrac{1}{\sqrt{2}}-8\right)\div\sqrt{8}-\sqrt{3}\left(\dfrac{1}{\sqrt{12}}-\dfrac{1}{\sqrt{6}}\right)$

$=\left(\dfrac{1}{\sqrt{2}}-8\right)\times\dfrac{1}{2\sqrt{2}}-\sqrt{3}\left(\dfrac{1}{2\sqrt{3}}-\dfrac{1}{\sqrt{6}}\right)$

$=\dfrac{1}{4}-\dfrac{4}{\sqrt{2}}-\dfrac{1}{2}+\dfrac{1}{\sqrt{2}}$

$=\dfrac{1}{4}-2\sqrt{2}-\dfrac{1}{2}+\dfrac{\sqrt{2}}{2}$

$=-\dfrac{1}{4}-\dfrac{3\sqrt{2}}{2}$

16 $a\sqrt{5}=0$이어야 하므로 $a=0$

17 $5a\sqrt{3}=0$이어야 하므로 $5a=0$ $\quad\therefore a=0$

19 $2\sqrt{7}-\sqrt{7}-2+a\sqrt{7}=(1+a)\sqrt{7}-2$
위 식이 유리수가 되려면
$1+a=0 \quad \therefore a=-1$

20 $2(1-\sqrt{2})+5a-a\sqrt{2}$
$=2-2\sqrt{2}+5a-a\sqrt{2}$
$=2+5a-(2+a)\sqrt{2}$
위 식이 유리수가 되려면
$-(2+a)=0$, $-2-a=0$
$\therefore a=-2$

21 $6a-a\sqrt{10}+\sqrt{10}(1-\sqrt{10})$
$=6a-a\sqrt{10}+\sqrt{10}-10$
$=6a-10+(1-a)\sqrt{10}$
위 식이 유리수가 되려면
$1-a=0 \quad \therefore a=1$

ACT 20 060~061쪽

01 $2<\sqrt{5}<3$이므로
정수 부분은 2, 소수 부분은 $\sqrt{5}-2$이다.

02 $5<\sqrt{29}<6$이므로
정수 부분은 5, 소수 부분은 $\sqrt{29}-5$이다.

03 $7<\sqrt{55}<8$이므로
정수 부분은 7, 소수 부분은 $\sqrt{55}-7$이다.

04 $8<\sqrt{70}<9$이므로
정수 부분은 8, 소수 부분은 $\sqrt{70}-8$이다.

05 $1<\sqrt{2}<2$에서 $3<\sqrt{2}+2<4$이므로
정수 부분은 3, 소수 부분은 $(\sqrt{2}+2)-3=\sqrt{2}-1$이다.

06 $2<\sqrt{5}<3$에서 $5<\sqrt{5}+3<6$이므로
정수 부분은 5, 소수 부분은 $(\sqrt{5}+3)-5=\sqrt{5}-2$이다.

07 $3<\sqrt{14}<4$에서 $7<4+\sqrt{14}<8$이므로
정수 부분은 7, 소수 부분은 $(4+\sqrt{14})-7=\sqrt{14}-3$이다.

08 $2<\sqrt{6}<3$이므로 $-3<-\sqrt{6}<-2$
$\therefore 2<5-\sqrt{6}<3$
정수 부분은 2, 소수 부분은 $(5-\sqrt{6})-2=3-\sqrt{6}$이다.

09 $4<\sqrt{17}<5$이므로 $-5<-\sqrt{17}<-4$
$\therefore 4<9-\sqrt{17}<5$
정수 부분은 4, 소수 부분은 $(9-\sqrt{17})-4=5-\sqrt{17}$이다.

11 $(\sqrt{10}+1)-4=\sqrt{10}-3=\sqrt{10}-\sqrt{9}>0$
$\therefore \sqrt{10}+1>4$

12 $(\sqrt{12}-3)-1=\sqrt{12}-4=\sqrt{12}-\sqrt{16}<0$
$\therefore \sqrt{12}-3<1$

13 $(2+\sqrt{14})-5=\sqrt{14}-3=\sqrt{14}-\sqrt{9}>0$
$\therefore 2+\sqrt{14}>5$

14 $(\sqrt{18}-3)-3=\sqrt{18}-6=\sqrt{18}-\sqrt{36}<0$
$\therefore \sqrt{18}-3<3$

16 $(3+5\sqrt{2})-(2\sqrt{2}+2)=3\sqrt{2}+1>0$
$\therefore 3+5\sqrt{2}>2\sqrt{2}+2$

17 $(3\sqrt{7}-2)-\sqrt{7}=2\sqrt{7}-2=\sqrt{28}-\sqrt{4}>0$
$\therefore 3\sqrt{7}-2>\sqrt{7}$

18 $(2\sqrt{3}-3\sqrt{5})-(\sqrt{5}+\sqrt{3})$
$=\sqrt{3}-4\sqrt{5}$
$=\sqrt{3}-\sqrt{80}<0$
$\therefore\ 2\sqrt{3}-3\sqrt{5}<\sqrt{5}+\sqrt{3}$

19 $(1+\sqrt{18})-(\sqrt{8}-2)$
$=(1+3\sqrt{2})-(2\sqrt{2}-2)$
$=3+\sqrt{2}>0$
$\therefore\ 1+\sqrt{18}>\sqrt{8}-2$

20 $(\sqrt{28}-\sqrt{2})-\sqrt{63}$
$=2\sqrt{7}-\sqrt{2}-3\sqrt{7}$
$=-\sqrt{7}-\sqrt{2}<0$
$\therefore\ \sqrt{28}-\sqrt{2}<\sqrt{63}$

ACT+ 21 062~063쪽

01 (1) (사다리꼴의 넓이)
$=\frac{1}{2}\times(\sqrt{18}+\sqrt{32})\times\sqrt{12}$
$=\frac{1}{2}\times(3\sqrt{2}+4\sqrt{2})\times2\sqrt{3}$
$=\frac{1}{2}\times7\sqrt{2}\times2\sqrt{3}$
$=7\sqrt{6}$

(2) (사다리꼴의 넓이)
$=\frac{1}{2}\times(\sqrt{20}+3\sqrt{5}+\sqrt{2})\times\sqrt{8}$
$=\frac{1}{2}\times(2\sqrt{5}+3\sqrt{5}+\sqrt{2})\times2\sqrt{2}$
$=\frac{1}{2}\times(5\sqrt{5}+\sqrt{2})\times2\sqrt{2}$
$=5\sqrt{10}+2$

02 (1) 가장 작은 정사각형의 한 변의 길이는 $\sqrt{3}$ cm
가운데 정사각형의 한 변의 길이는 $\sqrt{12}=2\sqrt{3}$ (cm)
가장 큰 정사각형의 한 변의 길이는 $\sqrt{27}=3\sqrt{3}$ (cm)
$\therefore\ \overline{AB}=\sqrt{3}+2\sqrt{3}+3\sqrt{3}=6\sqrt{3}$ (cm)

(2) 가장 큰 정사각형의 한 변의 길이는 $\sqrt{125}=5\sqrt{5}$ (cm)
가운데 정사각형의 한 변의 길이는 $\sqrt{45}=3\sqrt{5}$ (cm)
가장 작은 정사각형의 한 변의 길이는 $\sqrt{5}$ cm
$\therefore\ \overline{AB}=5\sqrt{5}+3\sqrt{5}+\sqrt{5}=9\sqrt{5}$ (cm)

03 (1) 직사각형의 세로의 길이를 x라고 하면
$3\sqrt{7}\times x=210$
$\therefore\ x=\frac{210}{3\sqrt{7}}=\frac{70}{\sqrt{7}}=10\sqrt{7}$

(2) 직사각형의 둘레의 길이는
$(3\sqrt{7}+10\sqrt{7})\times2=26\sqrt{7}$

04 (1) 직육면체의 높이를 x라고 하면
$2(\sqrt{12}\times\sqrt{3}+\sqrt{12}x+\sqrt{3}x)=66$
$12+4\sqrt{3}x+2\sqrt{3}x=66$
$12+6\sqrt{3}x=66,\ 6\sqrt{3}x=54$
$\therefore\ x=\frac{54}{6\sqrt{3}}=\frac{9}{\sqrt{3}}=3\sqrt{3}$

(2) 직육면체의 부피는
$\sqrt{12}\times\sqrt{3}\times3\sqrt{3}=2\sqrt{3}\times\sqrt{3}\times3\sqrt{3}=18\sqrt{3}$

05 직육면체의 밑면의 세로의 길이를 x라고 하면
$\sqrt{20}\times x\times\sqrt{2}=60\sqrt{2}$
$2\sqrt{5}\times x\times\sqrt{2}=60\sqrt{2}$
$2\sqrt{10}x=60\sqrt{2}$
$\therefore\ x=\frac{60\sqrt{2}}{2\sqrt{10}}=\frac{30}{\sqrt{5}}=6\sqrt{5}$
따라서 직육면체의 겉넓이는
$2(\sqrt{20}\times\sqrt{2}+6\sqrt{5}\times\sqrt{2}+\sqrt{20}\times6\sqrt{5})$
$=2(2\sqrt{10}+6\sqrt{10}+60)$
$=2(8\sqrt{10}+60)$
$=16\sqrt{10}+120$

06 (1) $\overline{AC}=\overline{BD}=\sqrt{2}$이므로
점 P에 대응하는 수는 $-2-\sqrt{2}$, 점 Q에 대응하는 수는 $-3+\sqrt{2}$이다.
따라서 두 점 P, Q 사이의 거리는
$\overline{PQ}=(-3+\sqrt{2})-(-2-\sqrt{2})$
$=-3+\sqrt{2}+2+\sqrt{2}=2\sqrt{2}-1$

(2) $\overline{AC}=\overline{FH}=\sqrt{2}$이므로
점 P에 대응하는 수는 $-1-\sqrt{2}$, 점 Q에 대응하는 수는 $1+\sqrt{2}$이다.
따라서 두 점 P, Q 사이의 거리는
$\overline{PQ}=(1+\sqrt{2})-(-1-\sqrt{2})$
$=1+\sqrt{2}+1+\sqrt{2}=2+2\sqrt{2}$

07 $\overline{CD}^2=2^2+1^2=5$ $\quad\therefore\ \overline{CD}=\sqrt{5}$ $(\because\ \overline{CD}>0)$
$\overline{CP}=\overline{CB}=\overline{CD}=\overline{CQ}=\sqrt{5}$이므로
점 P에 대응하는 수는 $4-\sqrt{5}$, 점 Q에 대응하는 수는 $4+\sqrt{5}$이다.
$\therefore\ \overline{PQ}=(4+\sqrt{5})-(4-\sqrt{5})=2\sqrt{5}$

08 (1) $a-b=(7+2\sqrt{5})-(\sqrt{3}+2\sqrt{5})$
$=7-\sqrt{3}$
$=\sqrt{49}-\sqrt{3}>0$
$\therefore a>b$
(2) $b-c=(\sqrt{3}+2\sqrt{5})-(4+\sqrt{3})$
$=2\sqrt{5}-4$
$=\sqrt{20}-\sqrt{16}>0$
$\therefore b>c$
(3) $a>b$이고 $b>c$이므로 $a>b>c$

09 $a-c=(\sqrt{7}+2)-2=\sqrt{7}>0$이므로 $a>c$
$b-c=(3-\sqrt{3})-2=1-\sqrt{3}<0$이므로 $b<c$
$\therefore b<c<a$

10 (1) $a-b=(\sqrt{6}-\sqrt{8})-3\sqrt{8}$
$=\sqrt{6}-4\sqrt{8}<0$
$\therefore a<b$
$a-c=(\sqrt{6}-\sqrt{8})-(2\sqrt{8}+\sqrt{6})$
$=-3\sqrt{8}<0$
$\therefore a<c$
따라서 가장 작은 수는 a이다.
(2) $a-b=(2\sqrt{5}-3)-(2\sqrt{5}+\sqrt{2})$
$=-3-\sqrt{2}<0$
$\therefore a<b$
$b-c=(2\sqrt{5}+\sqrt{2})-(-1+\sqrt{2})$
$=2\sqrt{5}+1>0$
$\therefore b>c$
따라서 가장 큰 수는 b이다.

TEST 02 064~065쪽

01 $5\sqrt{\frac{15}{2}}\times4\sqrt{\frac{10}{5}}=(5\times4)\times\sqrt{\frac{15}{2}\times\frac{10}{5}}=20\sqrt{15}$

02 $\frac{\sqrt{22}}{\sqrt{5}}\div\frac{\sqrt{22}}{\sqrt{10}}=\frac{\sqrt{22}}{\sqrt{5}}\times\frac{\sqrt{10}}{\sqrt{22}}=\sqrt{\frac{22}{5}\times\frac{10}{22}}=\sqrt{2}$

03 $\sqrt{125}=\sqrt{5^2\times5}=5\sqrt{5}$

04 $\sqrt{162}=\sqrt{3^4\times2}=9\sqrt{2}$

05 $\sqrt{\frac{11}{100}}=\sqrt{\frac{11}{10^2}}=\frac{\sqrt{11}}{10}$

06 $\sqrt{\frac{14}{242}}=\sqrt{\frac{7}{121}}=\sqrt{\frac{7}{11^2}}=\frac{\sqrt{7}}{11}$

07 $4\sqrt{5}\div2\sqrt{3}\times\sqrt{2}=4\sqrt{5}\times\frac{1}{2\sqrt{3}}\times\sqrt{2}$
$=\left(4\times\frac{1}{2}\right)\times\sqrt{5\times\frac{1}{3}\times2}$
$=2\sqrt{\frac{10}{3}}=\frac{2\sqrt{10}}{\sqrt{3}}=\frac{2\sqrt{30}}{3}$

08 $\frac{\sqrt{75}}{2}\div6\sqrt{2}\times\sqrt{32}$
$=\frac{5\sqrt{3}}{2}\times\frac{1}{6\sqrt{2}}\times4\sqrt{2}$
$=\left(\frac{5}{2}\times\frac{1}{6}\times4\right)\times\sqrt{3\times\frac{1}{2}\times2}$
$=\frac{5\sqrt{3}}{3}$

09 $8\sqrt{2}+9\sqrt{2}=17\sqrt{2}$

10 $\sqrt{10}-3\sqrt{10}+9\sqrt{5}=9\sqrt{5}-2\sqrt{10}$

11 $\sqrt{125}-\sqrt{45}-\sqrt{108}=5\sqrt{5}-3\sqrt{5}-6\sqrt{3}=2\sqrt{5}-6\sqrt{3}$

12 $7\sqrt{2}-\frac{5}{\sqrt{2}}+\frac{2}{\sqrt{8}}=7\sqrt{2}-\frac{5}{\sqrt{2}}+\frac{2}{2\sqrt{2}}$
$=7\sqrt{2}-\frac{5\sqrt{2}}{2}+\frac{\sqrt{2}}{2}$
$=\frac{14\sqrt{2}-5\sqrt{2}+\sqrt{2}}{2}$
$=5\sqrt{2}$

13 ① $\sqrt{0.005}=\sqrt{\frac{50}{10000}}=\frac{\sqrt{50}}{100}=\frac{7.071}{100}=0.07071$
② $\sqrt{0.05}=\sqrt{\frac{5}{100}}=\frac{\sqrt{5}}{10}=\frac{2.236}{10}=0.2236$
③ $\sqrt{0.5}=\sqrt{\frac{50}{100}}=\frac{\sqrt{50}}{10}=\frac{7.071}{10}=0.7071$
④ $\sqrt{500}=\sqrt{5\times100}=10\sqrt{5}=10\times2.236=22.36$
⑤ $\sqrt{500000}=\sqrt{50\times10000}=100\sqrt{50}$
$=100\times7.071=707.1$
따라서 옳지 않은 것은 ①이다.

14 (삼각형의 넓이)$=\frac{1}{2}\times\sqrt{80}\times x$
$=\frac{1}{2}\times4\sqrt{5}\times x=2\sqrt{5}x$
(직사각형의 넓이)$=\sqrt{40}\times\sqrt{108}$
$=2\sqrt{10}\times6\sqrt{3}=12\sqrt{30}$
따라서 $2\sqrt{5}x=12\sqrt{30}$이므로
$x=\frac{12\sqrt{30}}{2\sqrt{5}}=6\sqrt{6}$

15 $\sqrt{2}(4-2\sqrt{8})+\sqrt{6}(\sqrt{24}-3\sqrt{3})$
$=\sqrt{2}(4-4\sqrt{2})+\sqrt{6}(2\sqrt{6}-3\sqrt{3})$
$=4\sqrt{2}-8+12-9\sqrt{2}$
$=-5\sqrt{2}+4$
따라서 $a=-5$, $b=4$이므로
$a+b=-5+4=-1$

16 $\sqrt{5}\left(\frac{2}{\sqrt{5}}-2\right)-\sqrt{15}\left(\frac{1}{2\sqrt{3}}-\sqrt{3}\right)$
$=2-2\sqrt{5}-\frac{\sqrt{5}}{2}+3\sqrt{5}$
$=2+\frac{\sqrt{5}}{2}$

17 $5\sqrt{19}-2\sqrt{19}-6+a\sqrt{19}=(3+a)\sqrt{19}-6$
위 식이 유리수가 되려면
$3+a=0 \quad \therefore a=-3$

18 $8<\sqrt{77}<9$이므로
정수 부분은 8, 소수 부분은 $\sqrt{77}-8$이다.

19 $2<\sqrt{5}<3$이므로 $-3<-\sqrt{5}<-2$
$\therefore 2<5-\sqrt{5}<3$
정수 부분은 2, 소수 부분은 $(5-\sqrt{5})-2=3-\sqrt{5}$이다.
즉, $a=2$, $b=3-\sqrt{5}$이므로
$a-b=2-(3-\sqrt{5})=\sqrt{5}-1$

20 ① $(\sqrt{3}-2)-2=\sqrt{3}-4=\sqrt{3}-\sqrt{16}<0$
$\therefore \sqrt{3}-2<2$
② $(\sqrt{2}+6)-(5\sqrt{2}+5)=1-4\sqrt{2}<0$
$\therefore \sqrt{2}+6<5\sqrt{2}+5$
③ $(3\sqrt{5}+\sqrt{6})-(\sqrt{5}+2\sqrt{6})$
$=2\sqrt{5}-\sqrt{6}=\sqrt{20}-\sqrt{6}>0$
$\therefore 3\sqrt{5}+\sqrt{6}>\sqrt{5}+2\sqrt{6}$
④ $(2\sqrt{3}-2\sqrt{5})-(\sqrt{12}+\sqrt{2})$
$=(2\sqrt{3}-2\sqrt{5})-(2\sqrt{3}+\sqrt{2})$
$=-2\sqrt{5}-\sqrt{2}<0$
$\therefore 2\sqrt{3}-2\sqrt{5}<\sqrt{12}+\sqrt{2}$
⑤ $(3\sqrt{2}-\sqrt{12})-(\sqrt{32}+2\sqrt{2})$
$=(3\sqrt{2}-2\sqrt{3})-(4\sqrt{2}+2\sqrt{2})$
$=-3\sqrt{2}-2\sqrt{3}<0$
$\therefore 3\sqrt{2}-\sqrt{12}<\sqrt{32}+2\sqrt{2}$
따라서 옳지 않은 것은 ④이다.

Chapter Ⅲ 다항식의 곱셈

070~071쪽

02 $(x+4)(x+3)=x^2+3x+4x+12$
$=x^2+7x+12$

03 $(x+8)(x-2)=x^2-2x+8x-16$
$=x^2+6x-16$

04 $(2a-1)(3a+1)=6a^2+2a-3a-1$
$=6a^2-a-1$

05 $(8a-3)(-a+2)=-8a^2+16a+3a-6$
$=-8a^2+19a-6$

06 $(x+y)(x+3y)=x^2+3xy+xy+3y^2$
$=x^2+4xy+3y^2$

07 $(a+b)(a-2b)=a^2-2ab+ab-2b^2$
$=a^2-ab-2b^2$

08 $(a+2b)(a-2b)=a^2-2ab+2ab-4b^2$
$=a^2-4b^2$

09 $(2x-y)(x+4y)=2x^2+8xy-xy-4y^2$
$=2x^2+7xy-4y^2$

10 $(5a+b)(a+2b)=5a^2+10ab+ab+2b^2$
$=5a^2+11ab+2b^2$

11 $\left(-x+\frac{2}{3}\right)(9x+6)=-9x^2-6x+6x+4$
$=-9x^2+4$

12 $\left(9a-\frac{9}{4}b\right)\left(\frac{4}{3}a-8b\right)=12a^2-72ab-3ab+18b^2$
$=12a^2-75ab+18b^2$

14 $(a+2)(a+2b+1)=a^2+2ab+a+2a+4b+2$
$=a^2+2ab+3a+4b+2$

15 $(a-b)(a+b+4)=a^2+ab+4a-ab-b^2-4b$
$=a^2-b^2+4a-4b$

16 $(x+y)(x-y-3)=x^2-xy-3x+xy-y^2-3y$
$=x^2-y^2-3x-3y$

17 $(2x+1)(x-3y+1)=2x^2-6xy+2x+x-3y+1$
$=2x^2-6xy+3x-3y+1$

18 $(-2a+b)(a-b+1)$
$=-2a^2+2ab-2a+ab-b^2+b$
$=-2a^2+3ab-b^2-2a+b$

19 $(3a-2b)(-a+b+5)$
$=-3a^2+3ab+15a+2ab-2b^2-10b$
$=-3a^2+5ab-2b^2+15a-10b$

20 $(x-y-1)(2x+1)=2x^2+x-2xy-y-2x-1$
$=2x^2-2xy-x-y-1$

21 $(a+3b-1)(2-a)=2a-a^2+6b-3ab-2+a$
$=-a^2-3ab+3a+6b-2$

22 $(-x-y+3)(x+4)$
$=-x^2-4x-xy-4y+3x+12$
$=-x^2-xy-x-4y+12$

23 $(2a+b-6)(3a-b)$
$=6a^2-2ab+3ab-b^2-18a+6b$
$=6a^2+ab-b^2-18a+6b$

24 $(3x-6y-6)\left(y-\frac{1}{3}x\right)$
$=3xy-x^2-6y^2+2xy-6y+2x$
$=-x^2+5xy-6y^2+2x-6y$

25 $(4x-2)(-3x+1+y)$
$=-12x^2+4x+4xy+6x-2-2y$
$=-12x^2+4xy+10x-2y-2$
따라서 $a=10$, $b=-2$이므로
$a-b=10-(-2)=12$

ACT 23 072~073쪽

02 $(x+4)^2=x^2+2\times x\times 4+4^2$
$=x^2+8x+16$

03 $(x+5)^2=x^2+2\times x\times 5+5^2$
$=x^2+10x+25$

04 $(2x+1)^2=(2x)^2+2\times 2x\times 1+1^2$
$=4x^2+4x+1$

05 $(3x+1)^2=(3x)^2+2\times 3x\times 1+1^2$
$=9x^2+6x+1$

06 $(4x+2)^2=(4x)^2+2\times 4x\times 2+2^2$
$=16x^2+16x+4$

08 $(x-4)^2=x^2-2\times x\times 4+4^2$
$=x^2-8x+16$

09 $(x-5)^2=x^2-2\times x\times 5+5^2$
$=x^2-10x+25$

10 $(2x-1)^2=(2x)^2-2\times 2x\times 1+1^2$
$=4x^2-4x+1$

11 $(3x-1)^2=(3x)^2-2\times 3x\times 1+1^2$
$=9x^2-6x+1$

12 $(4x-2)^2=(4x)^2-2\times 4x\times 2+2^2$
$=16x^2-16x+4$

14 $(5a+b)^2=(5a)^2+2\times 5a\times b+b^2$
$=25a^2+10ab+b^2$

15 $(2x+2y)^2=(2x)^2+2\times 2x\times 2y+(2y)^2$
$=4x^2+8xy+4y^2$

16 $(3a+2b)^2=(3a)^2+2\times 3a\times 2b+(2b)^2$
$=9a^2+12ab+4b^2$

17 $(4a+3b)^2=(4a)^2+2\times 4a\times 3b+(3b)^2$
$=16a^2+24ab+9b^2$

18 $(3x+4y)^2=(3x)^2+2\times 3x\times 4y+(4y)^2$
$=9x^2+24xy+16y^2$

19 $\left(\frac{1}{2}x+2y\right)^2=\left(\frac{1}{2}x\right)^2+2\times\frac{1}{2}x\times 2y+(2y)^2$
$=\frac{1}{4}x^2+2xy+4y^2$

20 $\left(\frac{1}{3}a+6b\right)^2=\left(\frac{1}{3}a\right)^2+2\times\frac{1}{3}a\times 6b+(6b)^2$
$=\frac{1}{9}a^2+4ab+36b^2$

22 $(3x-y)^2=(3x)^2-2\times 3x\times y+y^2$
$=9x^2-6xy+y^2$

23 $(5x-3y)^2=(5x)^2-2\times 5x\times 3y+(3y)^2$
$=25x^2-30xy+9y^2$

24 $(2a-4b)^2=(2a)^2-2\times 2a\times 4b+(4b)^2$
$=4a^2-16ab+16b^2$

25 $(-x-2y)^2=(-x)^2-2\times(-x)\times 2y+(2y)^2$
$=x^2+4xy+4y^2$

26 $\left(\frac{1}{2}x-\frac{4}{5}y\right)^2=\left(\frac{1}{2}x\right)^2-2\times\frac{1}{2}x\times\frac{4}{5}y+\left(\frac{4}{5}y\right)^2$
$=\frac{1}{4}x^2-\frac{4}{5}xy+\frac{16}{25}y^2$

27 $(2x+a)^2=(2x)^2+2\times 2x\times a+a^2$
$=4x^2+4ax+a^2$
$=4x^2+bx+4$
즉, $4a=b$, $a^2=4$이므로 $a=2$ ($\because a>0$), $b=8$
$\therefore b-a=8-2=6$

ACT 24 074~075쪽

02 $(x+5)(x-5)=x^2-5^2=x^2-25$

03 $(x+10)(x-10)=x^2-10^2=x^2-100$

04 $(2x+1)(2x-1)=(2x)^2-1^2=4x^2-1$

05 $\left(x+\frac{1}{2}\right)\left(x-\frac{1}{2}\right)=x^2-\left(\frac{1}{2}\right)^2=x^2-\frac{1}{4}$

06 $\left(3x+\frac{1}{2}\right)\left(3x-\frac{1}{2}\right)=(3x)^2-\left(\frac{1}{2}\right)^2=9x^2-\frac{1}{4}$

07 $(-x+1)(-x-1)=(-x)^2-1^2=x^2-1$

08 $(-2x+3)(-2x-3)=(-2x)^2-3^2=4x^2-9$

09 $(-3x+7)(-3x-7)=(-3x)^2-7^2=9x^2-49$

10 $(-2x+5)(-2x-5)=(-2x)^2-5^2=4x^2-25$

11 $\left(-x+\frac{1}{4}\right)\left(-x-\frac{1}{4}\right)=(-x)^2-\left(\frac{1}{4}\right)^2=x^2-\frac{1}{16}$

12 $\left(-\frac{1}{2}x+3\right)\left(-\frac{1}{2}x-3\right)=\left(-\frac{1}{2}x\right)^2-3^2$
$=\frac{1}{4}x^2-9$

14 $(4x+y)(4x-y)=(4x)^2-y^2=16x^2-y^2$

15 $(2x+4y)(2x-4y)=(2x)^2-(4y)^2=4x^2-16y^2$

16 $(3x+2y)(3x-2y)=(3x)^2-(2y)^2=9x^2-4y^2$

17 $(5x+2y)(5x-2y)=(5x)^2-(2y)^2=25x^2-4y^2$

18 $(-2x+3y)(-2x-3y)=(-2x)^2-(3y)^2$
$=4x^2-9y^2$

19 $(-x+2y)(-x-2y)=(-x)^2-(2y)^2=x^2-4y^2$

21 $(x+2y)(-x+2y)=(2y+x)(2y-x)$
$=(2y)^2-x^2$
$=4y^2-x^2$

22 $(-x+3y)(x+3y)=(3y-x)(3y+x)$
$=(3y)^2-x^2$
$=9y^2-x^2$

23 $(2x+4y)(-2x+4y)=(4y+2x)(4y-2x)$
$=(4y)^2-(2x)^2$
$=16y^2-4x^2$

24 $(-5x+2y)(5x+2y)=(2y-5x)(2y+5x)$
$=(2y)^2-(5x)^2$
$=4y^2-25x^2$

25 ① $(x+4)(x-4)=x^2-4^2=x^2-16$
② $(-x+4)(x+4)=(4-x)(4+x)$
$=4^2-x^2=16-x^2$
③ $(-x+4)(-x-4)=(-x)^2-4^2=x^2-16$
④ $(-4+x)(4+x)=(x-4)(x+4)$
$=x^2-4^2=x^2-16$
⑤ $-(4+x)(4-x)=-(4^2-x^2)=x^2-16$
따라서 전개식이 나머지 넷과 다른 하나는 ②이다.

ACT 25 076~077쪽

02 $(x+3)(x+2)=x^2+(3+2)x+3\times 2$
$=x^2+5x+6$

03 $(x+4)(x+1)=x^2+(4+1)x+4\times 1$
$=x^2+5x+4$

04 $(x-3)(x-5)=x^2+(-3-5)x+(-3)\times(-5)$
$=x^2-8x+15$

05 $(x-7)(x-2)=x^2+(-7-2)x+(-7)\times(-2)$
$=x^2-9x+14$

06 $(x-2)(x-3)=x^2+(-2-3)x+(-2)\times(-3)$
$=x^2-5x+6$

07 $(x-2)(x+4)=x^2+(-2+4)x+(-2)\times 4$
$=x^2+2x-8$

08 $(x-5)(x+1)=x^2+(-5+1)x+(-5)\times 1$
$=x^2-4x-5$

09 $(x-1)(x+2)=x^2+(-1+2)x+(-1)\times 2$
$=x^2+x-2$

10 $(x+5)(x-2)=x^2+(5-2)x+5\times(-2)$
$=x^2+3x-10$

11 $\left(x-\frac{2}{3}\right)(x+6)=x^2+\left(-\frac{2}{3}+6\right)x+\left(-\frac{2}{3}\right)\times 6$
$=x^2+\frac{16}{3}x-4$

12 $\left(x-\frac{1}{2}\right)(x+4)=x^2+\left(-\frac{1}{2}+4\right)x+\left(-\frac{1}{2}\right)\times 4$
$=x^2+\frac{7}{2}x-2$

14 $(x+4y)(x+2y)=x^2+(4y+2y)x+4y\times 2y$
$=x^2+6xy+8y^2$

15 $(x-3y)(x-7y)$
$=x^2+(-3y-7y)x+(-3y)\times(-7y)$
$=x^2-10xy+21y^2$

16 $(x-5y)(x-4y)$
$=x^2+(-5y-4y)x+(-5y)\times(-4y)$
$=x^2-9xy+20y^2$

17 $(x-y)(x+2y)=x^2+(-y+2y)x+(-y)\times 2y$
$=x^2+xy-2y^2$

18 $(x+3y)(x-5y)=x^2+(3y-5y)x+3y\times(-5y)$
$=x^2-2xy-15y^2$

19 $(x+5y)(x-10y)=x^2+(5y-10y)x+5y\times(-10y)$
$=x^2-5xy-50y^2$

20 $(x+\square)(x+1)=x^2+(\square+1)x+\square\times 1$
$=x^2+5x+4$
즉, $\square+1=5$, $\square\times 1=4$이므로 $\square=4$

21 $(x-\square)(x+1)=x^2+(-\square+1)x+(-\square)\times 1$
$=x^2-2x-3$
즉, $-\square+1=-2$, $(-\square)\times 1=-3$이므로 $\square=3$

22 $(x-2)(x+\square)=x^2+(-2+\square)x+(-2)\times\square$
$=x^2+x-6$
즉, $-2+\square=1$, $(-2)\times\square=-6$이므로 $\square=3$

23 $(x+3)(x-\square)=x^2+(3-\square)x+3\times(-\square)$
$=x^2-2x-15$
즉, $3-\square=-2$, $3\times(-\square)=-15$이므로 $\square=5$

24 $(x-\square)(x-4)=x^2+(-\square-4)x+(-\square)\times(-4)$
$=x^2-10x+24$
즉, $-\square-4=-10$, $(-\square)\times(-4)=24$이므로 $\square=6$

25 $(x+5)(x-\square)=x^2+(5-\square)x+5\times(-\square)$
$=x^2+3x-10$
즉, $5-\square=3$, $5\times(-\square)=-10$이므로 $\square=2$

26 $(x-\square)(x+7)=x^2+(-\square+7)x+(-\square)\times 7$
$=x^2+2x-35$
즉, $-\square+7=2$, $(-\square)\times 7=-35$이므로 $\square=5$

ACT 26 078~079쪽

02 $(2x+1)(4x+3)$
$=(2\times 4)x^2+(2\times 3+1\times 4)x+1\times 3$
$=8x^2+10x+3$

03 $(5x-1)(3x-2)$
$=(5\times 3)x^2+\{5\times(-2)+(-1)\times 3\}x+(-1)\times(-2)$
$=15x^2-13x+2$

04 $(3x-1)(2x+1)$
$=(3\times 2)x^2+\{3\times 1+(-1)\times 2\}x+(-1)\times 1$
$=6x^2+x-1$

05 $(4x-5)(x+2)$
$=(4\times 1)x^2+\{4\times 2+(-5)\times 1\}x+(-5)\times 2$
$=4x^2+3x-10$

06 $(2x+3)(6x-1)$
$=(2\times 6)x^2+\{2\times(-1)+3\times 6\}x+3\times(-1)$
$=12x^2+16x-3$

08 $(2x-5y)(3x-y)$
$=(2\times 3)x^2+\{2\times(-y)+(-5y)\times 3\}x+(-5y)\times(-y)$
$=6x^2-17xy+5y^2$

09 $(3x+4y)(2x-y)$
$=(3\times 2)x^2+\{3\times(-y)+4y\times 2\}x+4y\times(-y)$
$=6x^2+5xy-4y^2$

10 $(5x-2y)(4x+3y)$
$=(5\times 4)x^2+\{5\times 3y+(-2y)\times 4\}x+(-2y)\times 3y$
$=20x^2+7xy-6y^2$

12 $(-2x+5)(-x-3)$
$=\{(-2)\times(-1)\}x^2+\{(-2)\times(-3)+5\times(-1)\}x+5\times(-3)$
$=2x^2+x-15$

13 $(-5x+1)(2x+2)$
$=\{(-5)\times 2\}x^2+\{(-5)\times 2+1\times 2\}x+1\times 2$
$=-10x^2-8x+2$

14 $(-2x+3)(4x-2)$
$=\{(-2)\times 4\}x^2+\{(-2)\times(-2)+3\times 4\}x+3\times(-2)$
$=-8x^2+16x-6$

15 $(-x-2y)(6x+y)$
$=\{(-1)\times 6\}x^2+\{(-1)\times y+(-2y)\times 6\}x+(-2y)\times y$
$=-6x^2-13xy-2y^2$

16 $(-3x-4y)(2x-5y)$
$=\{(-3)\times 2\}x^2+\{(-3)\times(-5y)+(-4y)\times 2\}x+(-4y)\times(-5y)$
$=-6x^2+7xy+20y^2$

17 $(2x+y)(3x-2y)$
$=(2\times 3)x^2+\{2\times(-2y)+y\times 3\}x+y\times(-2y)$
$=6x^2-xy-2y^2$
따라서 xy의 계수는 -1이다.

18 $(4x-2y)(x+3y)$
$=(4\times 1)x^2+\{4\times 3y+(-2y)\times 1\}x+(-2y)\times 3y$
$=4x^2+10xy-6y^2$
따라서 xy의 계수는 10이다.

19 $(-7x+2y)(2x+3y)$
$=\{(-7)\times 2\}x^2+\{(-7)\times 3y+2y\times 2\}x+2y\times 3y$
$=-14x^2-17xy+6y^2$
따라서 xy의 계수는 -17이다.

20 $(-2x+3y)(5x+2y)$
$=\{(-2)\times 5\}x^2+\{(-2)\times 2y+3y\times 5\}x+3y\times 2y$
$=-10x^2+11xy+6y^2$
따라서 xy의 계수는 11이다.

21 $(8x+5y)\left(\frac{3}{5}x-4y\right)$
$=\left(8\times\frac{3}{5}\right)x^2+\left\{8\times(-4y)+5y\times\frac{3}{5}\right\}x+5y\times(-4y)$
$=\frac{24}{5}x^2-29xy-20y^2$
따라서 xy의 계수는 -29이다.

22 $\left(\frac{1}{2}x-6y\right)\left(\frac{2}{3}x+10y\right)$
$=\left(\frac{1}{2}\times\frac{2}{3}\right)x^2+\left\{\frac{1}{2}\times 10y+(-6y)\times\frac{2}{3}\right\}x+(-6y)\times 10y$
$=\frac{1}{3}x^2+xy-60y^2$
따라서 xy의 계수는 1이다.

ACT 27 080~081쪽

01 $(2x+3)^2=(2x)^2+2\times 2x\times 3+3^2$
$=4x^2+12x+9$

02 $(-x+3)(x+3)=(3-x)(3+x)$
$=3^2-x^2=9-x^2$

03 $(x-2y)^2=x^2-2\times x\times 2y+(2y)^2$
$=x^2-4xy+4y^2$

04 $(x-1)(x+4)=x^2+(-1+4)x+(-1)\times 4$
$=x^2+3x-4$

05 $(5x+1)(2x+3)$
$=(5\times 2)x^2+(5\times 3+1\times 2)x+1\times 3$
$=10x^2+17x+3$

06 $(x-6)(x+6)=x^2-6^2=x^2-36$
따라서 상수항은 -36이다.

07 $\left(\frac{1}{2}x+5\right)^2=\left(\frac{1}{2}x\right)^2+2\times\frac{1}{2}x\times 5+5^2$
$=\frac{1}{4}x^2+5x+25$
따라서 상수항은 25이다.

08 $(4x-5)(-x-3)$
$=\{4\times(-1)\}x^2+\{4\times(-3)+(-5)\times(-1)\}x+(-5)\times(-3)$
$=-4x^2-7x+15$
따라서 상수항은 15이다.

09 $\left(x+\frac{3}{5}\right)(5x+10)$
$=(1\times 5)x^2+\left(1\times 10+\frac{3}{5}\times 5\right)x+\frac{3}{5}\times 10$
$=5x^2+13x+6$
따라서 상수항은 6이다.

10 $\left(-2x-\frac{2}{3}\right)\left(6x+\frac{9}{4}\right)$
$=\{(-2)\times6\}x^2+\left\{(-2)\times\frac{9}{4}+\left(-\frac{2}{3}\right)\times6\right\}x+\left(-\frac{2}{3}\right)\times\frac{9}{4}$
$=-12x^2-\frac{17}{2}x-\frac{3}{2}$
따라서 상수항은 $-\frac{3}{2}$이다.

11 $(3a-b)^2=(3a)^2-2\times3a\times b+b^2$
$=9a^2-6ab+b^2$

12 $(-a+2b)^2=(-a)^2+2\times(-a)\times2b+(2b)^2$
$=a^2-4ab+4b^2$

13 $(5x-y)(5x+y)=(5x)^2-y^2=25x^2-y^2$

14 $(-2x+1)(2x+1)=(1-2x)(1+2x)$
$=1^2-(2x)^2=1-4x^2$

15 $(x+4)(x+2)=x^2+(4+2)x+4\times2$
$=x^2+6x+8$

16 $(x-2y)(x+6y)$
$=x^2+(-2y+6y)x+(-2y)\times6y$
$=x^2+4xy-12y^2$

17 $(8x+y)(-x+3y)$
$=\{8\times(-1)\}x^2+\{8\times3y+y\times(-1)\}x+y\times3y$
$=-8x^2+23xy+3y^2$

18 $(x-2)(x+2)+(x+1)^2$
$=x^2-4+(x^2+2x+1)$
$=2x^2+2x-3$

19 $(x-2)^2-(x+2)^2$
$=x^2-4x+4-(x^2+4x+4)$
$=x^2-4x+4-x^2-4x-4$
$=-8x$

20 $(x-1)(x+1)-(x-1)^2$
$=x^2-1-(x^2-2x+1)$
$=x^2-1-x^2+2x-1$
$=2x-2$

21 $(x-1)(x-2)-(x+1)(x-3)$
$=x^2-3x+2-(x^2-2x-3)$
$=x^2-3x+2-x^2+2x+3$
$=-x+5$

22 $(x-4)^2-(x-4)(x+2)$
$=x^2-8x+16-(x^2-2x-8)$
$=x^2-8x+16-x^2+2x+8$
$=-6x+24$

23 ① $(2x-y)^2=(2x)^2-2\times(2x)\times y+y^2$
$=4x^2-4xy+y^2$
② $(-6a+b)^2=(-6a)^2+2\times(-6a)\times b+b^2$
$=36a^2-12ab+b^2$
③ $(3x+5)(3x-5)=(3x)^2-5^2=9x^2-25$
④ $(x-5)(x-8)$
$=x^2+(-5-8)x+(-5)\times(-8)$
$=x^2-13x+40$
⑤ $(5x-2)(x-7)$
$=(5\times1)x^2+\{5\times(-7)+(-2)\times1\}x+(-2)\times(-7)$
$=5x^2-37x+14$
따라서 옳지 않은 것은 ⑤이다.

ACT 28 082~083쪽

02 $101^2=(100+1)^2$
$=100^2+2\times100\times1+1^2$
$=10000+200+1$
$=10201$

03 $7.1^2=(7+0.1)^2$
$=7^2+2\times7\times0.1+0.1^2$
$=49+1.4+0.01$
$=50.41$

04 $88^2=(90-2)^2$
$=90^2-2\times90\times2+2^2$
$=8100-360+4$
$=7744$

05 $9.7^2=(10-0.3)^2$
$=10^2-2\times10\times0.3+0.3^2$
$=100-6+0.09$
$=94.09$

07 $42\times38=(40+2)(40-2)$
$=40^2-2^2$
$=1600-4$
$=1596$

08 $9.8\times10.2=(10-0.2)(10+0.2)$
$=10^2-0.2^2$
$=100-0.04$
$=99.96$

09 $202\times205=(200+2)(200+5)$
$=200^2+(2+5)\times200+2\times5$
$=40000+1400+10$
$=41410$

10 $58\times63=(60-2)(60+3)$
$=60^2+(-2+3)\times60+(-2)\times3$
$=3600+60-6$
$=3654$

12 $(\sqrt{5}-2)^2=(\sqrt{5})^2-2\times\sqrt{5}\times2+2^2$
$=5-4\sqrt{5}+4$
$=9-4\sqrt{5}$

13 $(2\sqrt{2}+\sqrt{3})^2=(2\sqrt{2})^2+2\times2\sqrt{2}\times\sqrt{3}+(\sqrt{3})^2$
$=8+4\sqrt{6}+3$
$=11+4\sqrt{6}$

15 $(\sqrt{7}+\sqrt{3})(\sqrt{7}-\sqrt{3})=(\sqrt{7})^2-(\sqrt{3})^2$
$=7-3=4$

16 $(-\sqrt{5}+2)(-\sqrt{5}-2)=(-\sqrt{5})^2-2^2$
$=5-4=1$

18 $(\sqrt{6}+4)(\sqrt{6}-2)$
$=(\sqrt{6})^2+(4-2)\times\sqrt{6}+4\times(-2)$
$=6+2\sqrt{6}-8$
$=-2+2\sqrt{6}$

19 $(3\sqrt{2}-2)(3\sqrt{2}+5)$
$=(3\sqrt{2})^2+(-2+5)\times3\sqrt{2}+(-2)\times5$
$=18+9\sqrt{2}-10$
$=8+9\sqrt{2}$

20 $(2\sqrt{6}-3)(\sqrt{6}+1)$
$=2(\sqrt{6})^2+(2-3)\times\sqrt{6}+(-3)\times1$
$=12-\sqrt{6}-3$
$=9-\sqrt{6}$

ACT 29

084~085쪽

02 $\dfrac{1}{5-2\sqrt{6}}=\dfrac{5+2\sqrt{6}}{(5-2\sqrt{6})(5+2\sqrt{6})}=5+2\sqrt{6}$

03 $\dfrac{2}{2\sqrt{2}-\sqrt{7}}=\dfrac{2(2\sqrt{2}+\sqrt{7})}{(2\sqrt{2}-\sqrt{7})(2\sqrt{2}+\sqrt{7})}$
$=4\sqrt{2}+2\sqrt{7}$

04 $\dfrac{4}{2\sqrt{7}-3\sqrt{3}}=\dfrac{4(2\sqrt{7}+3\sqrt{3})}{(2\sqrt{7}-3\sqrt{3})(2\sqrt{7}+3\sqrt{3})}$
$=8\sqrt{7}+12\sqrt{3}$

05 $\dfrac{26}{5-2\sqrt{3}}=\dfrac{26(5+2\sqrt{3})}{(5-2\sqrt{3})(5+2\sqrt{3})}$
$=\dfrac{26(5+2\sqrt{3})}{13}$
$=2(5+2\sqrt{3})$
$=10+4\sqrt{3}$

06 $\dfrac{\sqrt{3}+\sqrt{2}}{\sqrt{3}-\sqrt{2}}=\dfrac{(\sqrt{3}+\sqrt{2})^2}{(\sqrt{3}-\sqrt{2})(\sqrt{3}+\sqrt{2})}$
$=(\sqrt{3})^2+2\times\sqrt{3}\times\sqrt{2}+(\sqrt{2})^2$
$=3+2\sqrt{6}+2$
$=5+2\sqrt{6}$

07 $\dfrac{\sqrt{10}-3}{\sqrt{10}+3}=\dfrac{(\sqrt{10}-3)^2}{(\sqrt{10}+3)(\sqrt{10}-3)}$
$=(\sqrt{10})^2-2\times\sqrt{10}\times3+3^2$
$=10-6\sqrt{10}+9$
$=19-6\sqrt{10}$

08 $\dfrac{3-2\sqrt{2}}{3+2\sqrt{2}}=\dfrac{(3-2\sqrt{2})^2}{(3+2\sqrt{2})(3-2\sqrt{2})}$
$=3^2-2\times3\times2\sqrt{2}+(2\sqrt{2})^2$
$=9-12\sqrt{2}+8$
$=17-12\sqrt{2}$

09 $\dfrac{1-2\sqrt{3}}{2+\sqrt{3}}=\dfrac{(1-2\sqrt{3})(2-\sqrt{3})}{(2+\sqrt{3})(2-\sqrt{3})}$
$=2-\sqrt{3}-4\sqrt{3}+6$
$=8-5\sqrt{3}$

10 $\dfrac{1}{x}+\dfrac{1}{y}=\dfrac{1}{\sqrt{7}+\sqrt{2}}+\dfrac{1}{\sqrt{7}-\sqrt{2}}$
$=\dfrac{\sqrt{7}-\sqrt{2}+\sqrt{7}+\sqrt{2}}{(\sqrt{7}+\sqrt{2})(\sqrt{7}-\sqrt{2})}$
$=\dfrac{2\sqrt{7}}{5}$

12 $x-3=\sqrt{7}$의 양변을 제곱하면
$(x-3)^2=7$
$x^2-6x+9=7$
$\therefore x^2-6x=-2$

13 $x-5=\sqrt{6}$의 양변을 제곱하면
$(x-5)^2=6$
$x^2-10x+25=6$
$x^2-10x=-19$
$\therefore x^2-10x+10=-19+10=-9$

14 $x+1=\sqrt{5}$의 양변을 제곱하면
$(x+1)^2=5$
$x^2+2x+1=5$
$x^2+2x=4$
$\therefore x^2+2x-3=4-3=1$

15 $x+4=-2\sqrt{2}$의 양변을 제곱하면
$(x+4)^2=8$
$x^2+8x+16=8$
$x^2+8x=-8$
$\therefore x^2+8x+15=-8+15=7$

16 $x=\dfrac{2}{\sqrt{3}+1}=\dfrac{2(\sqrt{3}-1)}{(\sqrt{3}+1)(\sqrt{3}-1)}=\sqrt{3}-1$
$x+1=\sqrt{3}$의 양변을 제곱하면
$(x+1)^2=3$
$x^2+2x+1=3$
$x^2+2x=2$
$\therefore x^2+2x+2=2+2=4$

17 $x=\dfrac{1}{\sqrt{5}-2}=\dfrac{\sqrt{5}+2}{(\sqrt{5}-2)(\sqrt{5}+2)}=\sqrt{5}+2$
$x-2=\sqrt{5}$의 양변을 제곱하면
$(x-2)^2=5$
$x^2-4x+4=5$
$x^2-4x=1$
$\therefore x^2-4x+3=1+3=4$

18 $x=\dfrac{1}{3+2\sqrt{2}}=\dfrac{3-2\sqrt{2}}{(3+2\sqrt{2})(3-2\sqrt{2})}=3-2\sqrt{2}$
$x-3=-2\sqrt{2}$의 양변을 제곱하면
$(x-3)^2=8$
$x^2-6x+9=8$
$x^2-6x=-1$
$\therefore x^2-6x+7=-1+7=6$

19 $x=\dfrac{1}{2-\sqrt{3}}=\dfrac{2+\sqrt{3}}{(2-\sqrt{3})(2+\sqrt{3})}=2+\sqrt{3}$
$x-2=\sqrt{3}$의 양변을 제곱하면
$(x-2)^2=3$
$x^2-4x+4=3$
$x^2-4x=-1$
$\therefore x^2-4x-2=-1-2=-3$

20 $x=\dfrac{4}{3-\sqrt{5}}=\dfrac{4(3+\sqrt{5})}{(3-\sqrt{5})(3+\sqrt{5})}=3+\sqrt{5}$
$x-3=\sqrt{5}$의 양변을 제곱하면
$(x-3)^2=5$
$x^2-6x+9=5$
$x^2-6x=-4$
$\therefore x^2-6x-8=-4-8=-12$

ACT 30 　086~087쪽

05 $a^2+b^2=(a+b)^2-2ab$
$=9^2-2\times14=53$

06 $(a-b)^2=(a+b)^2-4ab$
$=5^2-4\times4=9$

07 $a^2+b^2=(a-b)^2+2ab$
$=6^2+2\times16=68$

08 $(a+b)^2=(a-b)^2+4ab$
$=7^2+4\times8=81$

13 $x^2+\dfrac{1}{x^2}=\left(x+\dfrac{1}{x}\right)^2-2$
$=8^2-2=62$

14 $\left(x-\dfrac{1}{x}\right)^2=\left(x+\dfrac{1}{x}\right)^2-4$
$=6^2-4=32$

15 $x^2+\dfrac{1}{x^2}=\left(x-\dfrac{1}{x}\right)^2+2$
$=5^2+2=27$

16 $\left(x+\dfrac{1}{x}\right)^2=\left(x-\dfrac{1}{x}\right)^2+4$
$=10^2+4=104$

17 $\left(x+\dfrac{1}{x}\right)^2=\left(x-\dfrac{1}{x}\right)^2+4$
$=(-3)^2+4=13$

18 $x^2+\dfrac{1}{x^2}=\left(x+\dfrac{1}{x}\right)^2-2$
$=7^2-2=47$

ACT 31 　088~089쪽

04 $(2x-1-y)(2x+3-y)=(2x-y-1)(2x-y+3)$
따라서 공통부분은 $2x-y$이다.

05 $(3x+2y+5)(3x-4y+5)$
$=(3x+5+2y)(3x+5-4y)$
따라서 공통부분은 $3x+5$이다.

06 $(x-y+1)(x+y-1)=\{x-(y-1)\}\{x+(y-1)\}$
따라서 공통부분은 $y-1$이다.

08 $(a+2b-4)^2$
$=(A-4)^2$
$=A^2-8A+16$
$=(a+2b)^2-8(a+2b)+16$
$=a^2+4ab+4b^2-8a-16b+16$

$a+2b=A$로 놓기 / 곱셈 공식을 이용한 전개 / $A=a+2b$를 대입 / 전개

09 $(2x-y+3)^2$
$=(A+3)^2$
$=A^2+6A+9$
$=(2x-y)^2+6(2x-y)+9$
$=4x^2-4xy+y^2+12x-6y+9$

$2x-y=A$로 놓기 / 곱셈 공식을 이용한 전개 / $A=2x-y$를 대입 / 전개

10 $(3x+y-2)^2$
$=(A-2)^2$
$=A^2-4A+4$
$=(3x+y)^2-4(3x+y)+4$
$=9x^2+6xy+y^2-12x-4y+4$

$3x+y=A$로 놓기 / 곱셈 공식을 이용한 전개 / $A=3x+y$를 대입 / 전개

12 $(x-4y-1)(x-4y+1)$
$=(A-1)(A+1)$
$=A^2-1$
$=(x-4y)^2-1$
$=x^2-8xy+16y^2-1$

$x-4y=A$로 놓기 / 곱셈 공식을 이용한 전개 / $A=x-4y$를 대입 / 전개

13 $(2x+1-y)(x+1-y)$
$=(2x+A)(x+A)$
$=2x^2+3Ax+A^2$
$=2x^2+3(1-y)x+(1-y)^2$
$=2x^2-3xy+y^2+3x-2y+1$

$1-y=A$로 놓기 / 곱셈 공식을 이용한 전개 / $A=1-y$를 대입 / 전개

15 $(x+1-3y)(x+3-3y)$
$=(x-3y+1)(x-3y+3)$
$=(A+1)(A+3)$
$=A^2+4A+3$
$=(x-3y)^2+4(x-3y)+3$
$=x^2-6xy+9y^2+4x-12y+3$

항의 자리 바꾸기 / $x-3y=A$로 놓기 / 곱셈 공식을 이용한 전개 / $A=x-3y$를 대입 / 전개

16 $(-x+1-y)(-x-5-y)$
$=(-x-y+1)(-x-y-5)$
$=(A+1)(A-5)$
$=A^2-4A-5$
$=(-x-y)^2-4(-x-y)-5$
$=x^2+2xy+y^2+4x+4y-5$

항의 자리 바꾸기 / $-x-y=A$로 놓기 / 곱셈 공식을 이용한 전개 / $A=-x-y$를 대입 / 전개

18 $(2-x+y)(4+x-y)$
$=\{2-(x-y)\}\{4+(x-y)\}$
$=(2-A)(4+A)$
$=8-2A-A^2$
$=8-2(x-y)-(x-y)^2$
$=-x^2+2xy-y^2-2x+2y+8$

공통부분이 보이도록 묶기 / $x-y=A$로 놓기 / 곱셈 공식을 이용한 전개 / $A=x-y$를 대입 / 전개

19 $(4x-y+1)(4x+y-1)$
$=\{4x-(y-1)\}\{4x+(y-1)\}$
$=(4x-A)(4x+A)$
$=16x^2-A^2$
$=16x^2-(y-1)^2$
$=16x^2-y^2+2y-1$

공통부분이 보이도록 묶기 / $y-1=A$로 놓기 / 곱셈 공식을 이용한 전개 / $A=y-1$을 대입 / 전개

20 $(3a-b-2)(2a+b+2)$
$=\{3a-(b+2)\}\{2a+(b+2)\}$
$=(3a-A)(2a+A)$
$=6a^2+aA-A^2$
$=6a^2+a(b+2)-(b+2)^2$
$=6a^2+ab-b^2+2a-4b-4$

공통부분이 보이도록 묶기 / $b+2=A$로 놓기 / 곱셈 공식을 이용한 전개 / $A=b+2$를 대입 / 전개

21 $(x+3y-1)(x+3y+2)$
$=(A-1)(A+2)$
$=A^2+A-2$
$=(x+3y)^2+(x+3y)-2$
$=x^2+6xy+9y^2+x+3y-2$

$x+3y=A$로 놓기 / 곱셈 공식을 이용한 전개 / $A=x+3y$를 대입 / 전개

따라서 상수항을 포함한 모든 항의 계수의 합은
$1+6+9+1+3-2=18$

ACT+ 32

090~091쪽

01 (2) $(x-2)(x+2)(x^2+4)$
$=(x^2-4)(x^2+4)=x^4-16$

(3) $(x-2)(x+2)(x^2+4)(x^4+16)$
$=(x^2-4)(x^2+4)(x^4+16)$
$=(x^4-16)(x^4+16)$
$=x^8-256$

02 $(a-1)(a+1)(a^2+1)(a^4+1)$
$=(a^2-1)(a^2+1)(a^4+1)$
$=(a^4-1)(a^4+1)$
$=a^8-1$
따라서 □ 안에 알맞은 수는 8이다.

03 $(1-x)(1+x)(1+x^2)(1+x^4)(1+x^8)$
$=(1-x^2)(1+x^2)(1+x^4)(1+x^8)$
$=(1-x^4)(1+x^4)(1+x^8)$
$=(1-x^8)(1+x^8)$
$=1-x^{16}$
따라서 상수 a의 값은 16이다.

04 $x(x-1)(x+2)(x+3)$
$=x(x+2)(x-1)(x+3)$
$=(x^2+2x)(x^2+2x-3)$
$x^2+2x=A$로 놓으면

$A(A-3)=A^2-3A$
$=(x^2+2x)^2-3(x^2+2x)$
$=x^4+4x^3+4x^2-3x^2-6x$
$=x^4+4x^3+x^2-6x$

05 $(x+1)(x-2)(x+2)(x-1)$
$=(x+1)(x-1)(x+2)(x-2)$
$=(x^2-1)(x^2-4)$
$x^2=A$로 놓으면
$(A-1)(A-4)=A^2-5A+4$
$=(x^2)^2-5x^2+4$
$=x^4-5x^2+4$
따라서 x^4의 계수는 1, x^2의 계수는 -5이므로 그 합은
$1-5=-4$

06 $(x-3)(x-4)(x+3)(x+2)$
$=(x-3)(x+2)(x-4)(x+3)$
$=(x^2-x-6)(x^2-x-12)$
$x^2-x=A$로 놓으면
$(A-6)(A-12)=A^2-18A+72$
$=(x^2-x)^2-18(x^2-x)+72$
$=x^4-2x^3+x^2-18x^2+18x+72$
$=x^4-2x^3-17x^2+18x+72$
따라서 $a=-2$, $b=-17$, $c=18$, $d=72$이므로
$a+b+c+d=-2-17+18+72=71$

07 색칠한 직사각형의 가로의 길이는 $5x+3$, 세로의 길이는 $7x-2$이므로 구하는 넓이는
$(5x+3)(7x-2)=35x^2+11x-6$

08

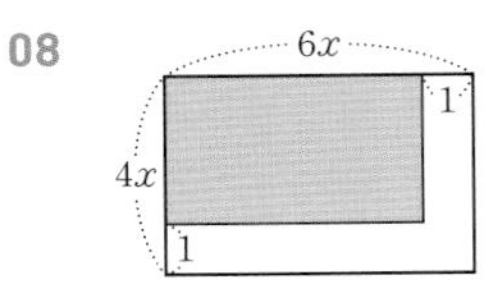

위의 그림과 같이 떨어진 부분을 이동하여 붙이면 길을 제외한 땅의 넓이는
$(6x-1)(4x-1)=24x^2-10x+1$

09

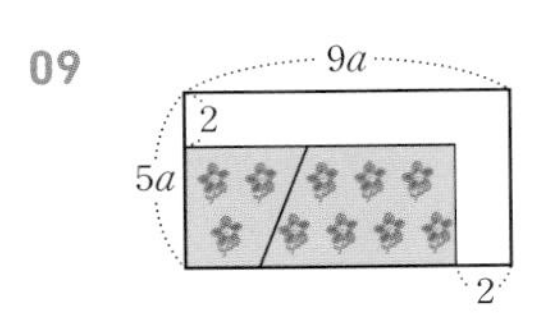

위의 그림과 같이 떨어진 부분을 이동하여 붙이면 길을 제외한 화단의 넓이는
$(9a-2)(5a-2)=45a^2-28a+4$

10 (1) $x\neq0$이므로 $x^2-4x+1=0$의 양변을 x로 나누면
$x-4+\dfrac{1}{x}=0 \qquad \therefore x+\dfrac{1}{x}=4$
(2) $\left(x+\dfrac{1}{x}\right)^2=4^2=16$
(3) $x^2+\dfrac{1}{x^2}=\left(x+\dfrac{1}{x}\right)^2-2=4^2-2=14$

11 $x\neq0$이므로 $x^2+3x-1=0$의 양변을 x로 나누면
$x+3-\dfrac{1}{x}=0 \qquad \therefore x-\dfrac{1}{x}=-3$
$\therefore x^2+\dfrac{1}{x^2}=\left(x-\dfrac{1}{x}\right)^2+2=(-3)^2+2=11$

12 $x\neq0$이므로 $x^2+5x+1=0$의 양변을 x로 나누면
$x+5+\dfrac{1}{x}=0 \qquad \therefore x+\dfrac{1}{x}=-5$
$\therefore \left(x-\dfrac{1}{x}\right)^2=\left(x+\dfrac{1}{x}\right)^2-4=(-5)^2-4=21$

13 $x\neq0$이므로 $x^2-2x-1=0$의 양변을 x로 나누면
$x-2-\dfrac{1}{x}=0 \qquad \therefore x-\dfrac{1}{x}=2$
$\therefore x^2-3+\dfrac{1}{x^2}=x^2+\dfrac{1}{x^2}-3$
$=\left(x-\dfrac{1}{x}\right)^2+2-3$
$=2^2+2-3=3$

TEST 03 092~093쪽

01 $(2x-3)^2=(2x)^2-2\times2x\times3+3^2$
$=4x^2-12x+9$

02 $(-x+4)^2=(-x)^2+2\times(-x)\times4+4^2$
$=x^2-8x+16$

03 $(6x-7)(6x+7)=(6x)^2-7^2=36x^2-49$

04 $(5+x)(5-x)=5^2-x^2=25-x^2$

05 $(x-7)(x+5)=x^2+(-7+5)x+(-7)\times5$
$=x^2-2x-35$

06 $(x-4)(x+2)=x^2+(-4+2)x+(-4)\times2$
$=x^2-2x-8$

07 $(5x-1)(3x+2)$
$=(5\times3)x^2+\{5\times2+(-1)\times3\}x+(-1)\times2$
$=15x^2+7x-2$

08 $\left(\dfrac{1}{2}x-6\right)(4x+1)$
$=\left(\dfrac{1}{2}\times4\right)x^2+\left\{\dfrac{1}{2}\times1+(-6)\times4\right\}x+(-6)\times1$
$=2x^2-\dfrac{47}{2}x-6$

09 $(x+2)^2-(x-3)^2$
$=x^2+4x+4-(x^2-6x+9)$
$=x^2+4x+4-x^2+6x-9$
$=10x-5$

10 $(x-4)(x+2)-(x+5)(x-2)$
$=x^2-2x-8-(x^2+3x-10)$
$=x^2-2x-8-x^2-3x+10$
$=-5x+2$

11 $(x+3)(x-3)(x^2+9)$
$=(x^2-9)(x^2+9)$
$=x^4-81$

12 ① $97^2=(100-3)^2$이므로
$(a-b)^2=a^2-2ab+b^2$을 이용하면 편리하다.
② $10.1^2=(10+0.1)^2$이므로
$(a+b)^2=a^2+2ab+b^2$을 이용하면 편리하다.
③ $58\times62=(60-2)(60+2)$이므로
$(a+b)(a-b)=a^2-b^2$을 이용하면 편리하다.
④ $72\times75=(70+2)(70+5)$이므로
$(x+a)(x+b)=x^2+(a+b)x+ab$를 이용하면 편리하다.
⑤ $4.1\times3.9=(40+0.1)(40-0.1)$이므로
$(a+b)(a-b)=a^2-b^2$을 이용하면 편리하다.
따라서 구하는 것은 ③, ⑤이다.

13 $(\sqrt{5}-2)^2+(\sqrt{6}+3)(\sqrt{6}-3)$
$=(\sqrt{5})^2-2\times\sqrt{5}\times2+2^2+(\sqrt{6})^2-3^2$
$=5-4\sqrt{5}+4+6-9$
$=6-4\sqrt{5}$

14 $x+3=\sqrt{15}$의 양변을 제곱하면
$(x+3)^2=15$
$x^2+6x+9=15$
$x^2+6x=6$
$\therefore x^2+6x-1=6-1=5$

15 $x=\dfrac{1}{\sqrt{5}-2}=\dfrac{\sqrt{5}+2}{(\sqrt{5}-2)(\sqrt{5}+2)}=\sqrt{5}+2$
$x-2=\sqrt{5}$의 양변을 제곱하면
$(x-2)^2=5$
$x^2-4x+4=5$
$x^2-4x=1$
$\therefore x^2-4x+5=1+5=6$

16 $a^2+b^2=(a+b)^2-2ab$
$=6^2-2\times8=20$

17 $\left(x-\dfrac{1}{x}\right)^2=\left(x+\dfrac{1}{x}\right)^2-4$
$=5^2-4=21$

20 색칠한 직사각형의 가로의 길이는 $9x+2$, 세로의 길이는 $5x-1$이므로 구하는 넓이는
$(9x+2)(5x-1)=45x^2+x-2$

Chapter Ⅳ 다항식의 인수분해

ACT 33 098~099쪽

19 $xy(2a-1)-(1-2a)=xy(2a-1)+(2a-1)$
$=(2a-1)(xy+1)$

ACT 34 100~101쪽

02 $x^2+8x+16=x^2+2\times x\times4+4^2=(x+4)^2$

03 $a^2+14a+49=a^2+2\times a\times7+7^2=(a+7)^2$

05 $25a^2+10a+1=(5a)^2+2\times5a\times1+1^2=(5a+1)^2$

06 $64x^2+16x+1=(8x)^2+2\times8x\times1+1^2=(8x+1)^2$

08 $a^2+6ab+9b^2=a^2+2\times a\times3b+(3b)^2=(a+3b)^2$

09 $a^2+16ab+64b^2=a^2+2\times a\times8b+(8b)^2=(a+8b)^2$

10 $49x^2+14xy+y^2=(7x)^2+2\times7x\times y+y^2=(7x+y)^2$

12 $a^2-2a+1=a^2-2\times a\times1+1^2=(a-1)^2$

13 $a^2-18a+81=a^2-2\times a\times9+9^2=(a-9)^2$

14 $x^2-12x+36=x^2-2\times x\times6+6^2=(x-6)^2$

16 $64x^2-16x+1=(8x)^2-2\times8x\times1+1^2=(8x-1)^2$

17 $9a^2-6a+1=(3a)^2-2\times3a\times1+1^2=(3a-1)^2$

19 $36a^2-12ab+b^2=(6a)^2-2\times6a\times b+b^2=(6a-b)^2$

20 $x^2-x+\dfrac{1}{4}=x^2-2\times x\times\dfrac{1}{2}+\left(\dfrac{1}{2}\right)^2=\left(x-\dfrac{1}{2}\right)^2$

21 ㉠ $9a^2-24a+16=(3a)^2-2\times3a\times4+4^2=(3a-4)^2$
㉡ $4x^2-12x+9=(2x)^2-2\times2x\times3+3^2=(2x-3)^2$
㉢ $81x^2+18xy+y^2=(9x)^2+2\times9x\times y+y^2$
$=(9x+y)^2$
따라서 완전제곱식으로 인수분해할 수 없는 것은 ㉣이다.

ACT 35 102~103쪽

02 $\square=\left(\frac{6}{2}\right)^2=9$

03 $\square=\left(-\frac{8}{2}\right)^2=16$

04 $\square=\left(-\frac{16}{2}\right)^2=64$

06 $a^2-\square a+9=a^2-\square a+(\pm3)^2$이므로
$\square=2\times3=6$

07 $x^2-\square x+25=x^2-\square x+(\pm5)^2$이므로
$\square=2\times5=10$

08 $a^2-\square ab+36b^2=a^2-\square ab+(\pm6b)^2$이므로
$\square=2\times6=12$

10 $16a^2-40a+\square=(4a)^2-2\times4a\times5+\square$에서
$\square=5^2=25$

11 $9x^2+6xy+\square=(3x)^2+2\times3x\times y+\square$에서
$\square=y^2$

12 $36a^2-12ab+\square=(6a)^2-2\times6a\times b+\square$에서
$\square=b^2$

13 $4x^2+28xy+\square=(2x)^2+2\times2x\times7y+\square$에서
$\square=(7y)^2=49y^2$

15 $25a^2+\square ab+b^2=(5a)^2+\square ab+b^2$에서
$\square=2\times5\times1=10$

16 $16x^2-\square xy+y^2=(4x)^2-\square xy+y^2$에서
$\square=2\times4\times1=8$

17 $9x^2+\square xy+4y^2=(3x)^2+\square xy+(2y)^2$에서
$\square=2\times3\times2=12$

18 $a=\left(\frac{18}{2}\right)^2=81$
$49x^2-bx+1=(7x)^2-bx+1^2$에서
$b=2\times7\times1=14$
$\therefore a-b=81-14=67$

ACT 36 104~105쪽

02 $x^2-25=x^2-5^2=(x+5)(x-5)$

03 $x^2-9=x^2-3^2=(x+3)(x-3)$

04 $a^2-64=a^2-8^2=(a+8)(a-8)$

05 $x^2-\frac{1}{4}=x^2-\left(\frac{1}{2}\right)^2=\left(x+\frac{1}{2}\right)\left(x-\frac{1}{2}\right)$

06 $a^2-\frac{1}{36}=a^2-\left(\frac{1}{6}\right)^2=\left(a+\frac{1}{6}\right)\left(a-\frac{1}{6}\right)$

08 $a^2-4b^2=a^2-(2b)^2=(a+2b)(a-2b)$

09 $x^2-49y^2=x^2-(7y)^2=(x+7y)(x-7y)$

10 $a^2-81b^2=a^2-(9b)^2=(a+9b)(a-9b)$

11 $a^2-\frac{1}{100}b^2=a^2-\left(\frac{1}{10}b\right)^2=\left(a+\frac{1}{10}b\right)\left(a-\frac{1}{10}b\right)$

12 $x^2-\frac{4}{25}y^2=x^2-\left(\frac{2}{5}y\right)^2=\left(x+\frac{2}{5}y\right)\left(x-\frac{2}{5}y\right)$

14 $64x^2-25y^2=(8x)^2-(5y)^2=(8x+5y)(8x-5y)$

15 $16a^2-49b^2=(4a)^2-(7b)^2=(4a+7b)(4a-7b)$

16 $81a^2-64b^2=(9a)^2-(8b)^2=(9a+8b)(9a-8b)$

17 $\frac{1}{9}x^2-\frac{1}{4}y^2=\left(\frac{1}{3}x\right)^2-\left(\frac{1}{2}y\right)^2$
$=\left(\frac{1}{3}x+\frac{1}{2}y\right)\left(\frac{1}{3}x-\frac{1}{2}y\right)$

18 $\frac{1}{64}a^2-\frac{1}{49}b^2=\left(\frac{1}{8}a\right)^2-\left(\frac{1}{7}b\right)^2$
$=\left(\frac{1}{8}a+\frac{1}{7}b\right)\left(\frac{1}{8}a-\frac{1}{7}b\right)$

19 $\frac{4}{9}x^2-\frac{1}{16}y^2=\left(\frac{2}{3}x\right)^2-\left(\frac{1}{4}y\right)^2$
$=\left(\frac{2}{3}x+\frac{1}{4}y\right)\left(\frac{2}{3}x-\frac{1}{4}y\right)$

21 $5x^2-5=5(x^2-1)=5(x+1)(x-1)$

22 $6x^2-54=6(x^2-9)=6(x+3)(x-3)$

23 $\frac{1}{3}a^2-\frac{1}{27}=\frac{1}{3}\left(a^2-\frac{1}{9}\right)=\frac{1}{3}\left(a+\frac{1}{3}\right)\left(a-\frac{1}{3}\right)$

24 $7x^2-7y^2=7(x^2-y^2)=7(x+y)(x-y)$

25 $5a^2-80b^2=5(a^2-16b^2)=5(a+4b)(a-4b)$

26 $\frac{1}{2}x^2-\frac{1}{32}y^2=\frac{1}{2}\left(x^2-\frac{1}{16}y^2\right)$
$=\frac{1}{2}\left(x+\frac{1}{4}y\right)\left(x-\frac{1}{4}y\right)$

ACT 37 106~107쪽

02

곱이 6인 두 정수	두 정수의 합
1, 6	7
−1, −6	−7
2, 3	5
−2, −3	−5

따라서 구하는 두 정수는 1, 6이다.

03

곱이 −2인 두 정수	두 정수의 합
1, −2	−1
−1, 2	1

따라서 구하는 두 정수는 −1, 2이다.

04

곱이 −21인 두 정수	두 정수의 합
1, −21	−20
−1, 21	20
3, −7	−4
−3, 7	4

따라서 구하는 두 정수는 3, −7이다.

05

곱이 −36인 두 정수	두 정수의 합
1, −36	−35
−1, 36	35
2, −18	−16
−2, 18	16
3, −12	−9
−3, 12	9
4, −9	−5
−4, 9	5
6, −6	0

따라서 구하는 두 정수는 −4, 9이다.

10 합이 5이고, 곱이 6인 두 정수는 2와 3이므로
$x^2+5x+6=(x+2)(x+3)$

11 합이 9이고, 곱이 20인 두 정수는 4, 5이므로
$x^2+9x+20=(x+4)(x+5)$

12 합이 13이고, 곱이 42인 두 정수는 6, 7이므로
$x^2+13x+42=(x+6)(x+7)$

14 합이 −10이고, 곱이 24인 두 정수는 −4, −6이므로
$x^2-10x+24=(x-4)(x-6)$

15 합이 −15이고, 곱이 56인 두 정수는 −7, −8이므로
$x^2-15x+56=(x-7)(x-8)$

17 합이 3이고, 곱이 −40인 두 정수는 −5, 8이므로
$x^2+3x-40=(x-5)(x+8)$

18 합이 −5이고, 곱이 −14인 두 정수는 2, −7이므로
$x^2-5x-14=(x+2)(x-7)$

19 합이 −3이고, 곱이 −18인 두 정수는 3, −6이므로
$x^2-3x-18=(x+3)(x-6)$

20 합이 7이고, 곱이 6인 두 정수는 1, 6이므로
$x^2+7xy+6y^2=(x+y)(x+6y)$

21 합이 −8이고, 곱이 12인 두 정수는 −2, −6이므로
$x^2-8xy+12y^2=(x-2y)(x-6y)$
따라서 두 일차식의 합은
$(x-2y)+(x-6y)=2x-8y$

ACT 38 108~109쪽

08 $3x^2+8x+4=(x+2)(3x+2)$
x ╲╱ 2 → $6x$
$3x$ ╱╲ 2 → $2x$ (+
$8x$

09 $9x^2+10x+1=(x+1)(9x+1)$
x ╲╱ 1 → $9x$
$9x$ ╱╲ 1 → x (+
$10x$

10 $8x^2-49x+6=(x-6)(8x-1)$
x ╲╱ -6 → $-48x$
$8x$ ╱╲ -1 → $-x$ (+
$-49x$

11 $4x^2\underline{-9x}+5=(x-1)(4x-5)$

$$\begin{array}{ccccc} x & \diagdown\!\!\!\diagup & -1 & \rightarrow & -4x \\ 4x & & -5 & \rightarrow & -5x\ (+ \\ \hline & & & & -9x \end{array}$$

12 $5x^2\underline{-18x}-8=(x-4)(5x+2)$

$$\begin{array}{ccccc} x & \diagdown\!\!\!\diagup & -4 & \rightarrow & -20x \\ 5x & & 2 & \rightarrow & 2x\ (+ \\ \hline & & & & -18x \end{array}$$

13 $8x^2\underline{+2x}-1=(2x+1)(4x-1)$

$$\begin{array}{ccccc} 2x & \diagdown\!\!\!\diagup & 1 & \rightarrow & 4x \\ 4x & & -1 & \rightarrow & -2x\ (+ \\ \hline & & & & 2x \end{array}$$

15 $3x^2\underline{+xy}-24y^2=(x+3y)(3x-8y)$

$$\begin{array}{ccccc} x & \diagdown\!\!\!\diagup & 3y & \rightarrow & 9xy \\ 3x & & -8y & \rightarrow & -8xy\ (+ \\ \hline & & & & xy \end{array}$$

16 $8x^2\underline{-xy}-9y^2=(x+y)(8x-9y)$

$$\begin{array}{ccccc} x & \diagdown\!\!\!\diagup & y & \rightarrow & 8xy \\ 8x & & -9y & \rightarrow & -9xy\ (+ \\ \hline & & & & -xy \end{array}$$

17 $2x^2\underline{-xy}-15y^2=(x-3y)(2x+5y)$

$$\begin{array}{ccccc} x & \diagdown\!\!\!\diagup & -3y & \rightarrow & -6xy \\ 2x & & 5y & \rightarrow & 5xy\ (+ \\ \hline & & & & -xy \end{array}$$

18 $6x^2\underline{+13xy}+6y^2=(2x+3y)(3x+2y)$

$$\begin{array}{ccccc} 2x & \diagdown\!\!\!\diagup & 3y & \rightarrow & 9xy \\ 3x & & 2y & \rightarrow & 4xy\ (+ \\ \hline & & & & 13xy \end{array}$$

19 $7x^2\underline{-3xy}-4y^2=(x-y)(7x+4y)$

$$\begin{array}{ccccc} x & \diagdown\!\!\!\diagup & -y & \rightarrow & -7xy \\ 7x & & 4y & \rightarrow & 4xy\ (+ \\ \hline & & & & -3xy \end{array}$$

따라서 $a=-1$, $b=7$, $c=4$이므로
$a+b+c=-1+7+4=10$

ACT 39 110~111쪽

01 $x^2-8x+16=x^2-2\times x\times 4+4^2=(x-4)^2$

02 $x^2-100=x^2-10^2=(x+10)(x-10)$

03 $x^2+6x+9=x^2+2\times x\times 3+3^2=(x+3)^2$

04 합이 -2이고, 곱이 -8인 두 정수는 2, -4이므로
$x^2-2x-8=(x+2)(x-4)$

05 $x^2-16=x^2-4^2=(x+4)(x-4)$

06 합이 -12이고, 곱이 35인 두 정수는 -5, -7이므로
$x^2-12x+35=(x-5)(x-7)$

07 $x^2+18x+81=x^2+2\times x\times 9+9^2=(x+9)^2$

08 $x^2-16x+64=x^2-2\times x\times 8+8^2=(x-8)^2$

09 합이 -5이고, 곱이 6인 두 정수는 -2, -3이므로
$x^2-5xy+6y^2=(x-2y)(x-3y)$

10 합이 -2이고, 곱이 -15인 두 정수는 3, -5이므로
$x^2-2xy-15y^2=(x+3y)(x-5y)$

11 합이 -1이고, 곱이 -42인 두 정수는 6, -7이므로
$x^2-xy-42y^2=(x+6y)(x-7y)$

12 합이 -4이고, 곱이 -45인 두 정수는 5, -9이므로
$x^2-4xy-45y^2=(x+5y)(x-9y)$

13 $x^2-25y^2=x^2-(5y)^2=(x+5y)(x-5y)$

14 $4x^2-4x+1=(2x)^2-2\times 2x\times 1+1^2=(2x-1)^2$

15 $2x^2\underline{+5x}+3=(x+1)(2x+3)$

$$\begin{array}{ccccc} x & \diagdown\!\!\!\diagup & 1 & \rightarrow & 2x \\ 2x & & 3 & \rightarrow & 3x\ (+ \\ \hline & & & & 5x \end{array}$$

16 $9x^2+12x+4=(3x)^2+2\times 3x\times 2+2^2=(3x+2)^2$

17 $3x^2\underline{-23x}+40=(x-5)(3x-8)$

$$\begin{array}{ccccc} x & \diagdown\!\!\!\diagup & -5 & \rightarrow & -15x \\ 3x & & -8 & \rightarrow & -8x\ (+ \\ \hline & & & & -23x \end{array}$$

18 $14x^2\underline{-13x}-12=(2x-3)(7x+4)$

$$\begin{array}{ccccc} 2x & \diagdown\!\!\!\diagup & -3 & \rightarrow & -21x \\ 7x & & 4 & \rightarrow & 8x\ (+ \\ \hline & & & & -13x \end{array}$$

19 $25x^2-10xy+y^2=(5x)^2-2\times 5x\times y+y^2$
$=(5x-y)^2$

20 $36x^2-49y^2=(6x)^2-(7y)^2=(6x+7y)(6x-7y)$

21 $x^2+x+\frac{1}{4}=x^2+2\times x\times\frac{1}{2}+\left(\frac{1}{2}\right)^2=\left(x+\frac{1}{2}\right)^2$

22 $x^2-\frac{1}{25}=x^2-\left(\frac{1}{5}\right)^2=\left(x+\frac{1}{5}\right)\left(x-\frac{1}{5}\right)$

23 $x^2-\frac{2}{3}xy+\frac{1}{9}y^2=x^2-2\times x\times\frac{1}{3}y+\left(\frac{1}{3}y\right)^2$
$=\left(x-\frac{1}{3}y\right)^2$

24 $\frac{1}{16}x^2-\frac{64}{81}y^2=\left(\frac{1}{4}x\right)^2-\left(\frac{8}{9}y\right)^2$
$=\left(\frac{1}{4}x+\frac{8}{9}y\right)\left(\frac{1}{4}x-\frac{8}{9}y\right)$

ACT+ 40 112~113쪽

02 $0<x<3$에서 $x>0$, $x-3<0$이므로
$\sqrt{x^2}+\sqrt{x^2-6x+9}=\sqrt{x^2}+\sqrt{(x-3)^2}$
$=x-(x-3)$
$=x-x+3=3$

03 $-4<x<1$에서 $x-1<0$, $x+4>0$이므로
$\sqrt{x^2-2x+1}-\sqrt{x^2+8x+16}$
$=\sqrt{(x-1)^2}-\sqrt{(x+4)^2}$
$=-(x-1)-(x+4)$
$=-x+1-x-4$
$=-2x-3$

04 $-3a-3b=-3(a+b)$
$a^2b+ab^2=ab(a+b)$
따라서 공통인수는 $a+b$이다.

05 $x^2+2x-15=(x+5)(x-3)$
$2x^2-7x+3=(x-3)(2x-1)$
따라서 공통인수는 $x-3$이다.

06 $6x^2+x-1=(2x+1)(3x-1)$
$15x^2+x-2=(3x-1)(5x+2)$
공통인수는 $3x-1$이므로 $a=3$, $b=-1$
$\therefore a+b=3-1=2$

07 $2x^2-ax-12=(x-4)(2x+m)$ (m은 상수)로 놓으면
$m-8=-a$, $-4m=-12$
$\therefore m=3$, $a=5$

08 $3x^2+17x+b=(3x-4)(x+m)$ (m은 상수)로 놓으면
$3m-4=17$, $-4m=b$
$\therefore m=7$, $b=-28$

09 $5x^2-axy-4y^2=(5x+2y)(x+my)$ (m은 상수)로 놓으면
$5m+2=-a$, $2m=-4$
$\therefore m=-2$, $a=8$
따라서 이 다항식의 인수인 것은 $x-2y$이다.

10 (1) $(x+2)(x+3)=x^2+5x+6$이므로
수진이는 주어진 이차식에서 $a=5$, $b=6$으로 보았다.
(2) $(x-2)(x+9)=x^2+7x-18$이므로
정은이는 주어진 이차식에서 $a=7$, $b=-18$로 보았다.
(3) 수진이는 상수항을, 정은이는 x의 계수를 제대로 보았으므로 처음 이차식을 바르게 인수분해하면
$x^2+7x+6=(x+1)(x+6)$

11 (1) 성훈이는 상수항을 제대로 보았으므로
$(x-1)(x+8)=x^2+7x-8$에서 처음 이차식의 상수항은 -8이다.
유진이는 x의 계수를 제대로 보았으므로
$(x-4)(x+6)=x^2+2x-24$에서 처음 이차식의 x의 계수는 2이다.
따라서 처음 이차식은 x^2+2x-8이다.
(2) 처음 이차식을 바르게 인수분해하면
$x^2+2x-8=(x+4)(x-2)$

ACT 41 116~117쪽

02 $a^2b-2ab+b=b(a^2-2a+1)=b(a-1)^2$

03 $x^3-10x^2+25x=x(x^2-10x+25)=x(x-5)^2$

04 $3a^3-12a=3a(a^2-4)=3a(a+2)(a-2)$

05 $a^3b-36ab=ab(a^2-36)=ab(a+6)(a-6)$

06 $x^3-8x^2+7x=x(x^2-8x+7)=x(x-1)(x-7)$

08 $-14a^2+13ab+12b^2=-(14a^2-13ab-12b^2)$
$=-(2a-3b)(7a+4b)$

09 $-xy^2+4xy+21x=-x(y^2-4y-21)$
$=-x(y+3)(y-7)$

10 $-a^3+11a^2b-18ab^2=-a(a^2-11ab+18b^2)$
$=-a(a-2b)(a-9b)$

11 $(a+2)x^2+6(a+2)x+9(a+2)$
$=(a+2)(x^2+6x+9)$
$=(a+2)(x+3)^2$

15 $(x-y)^2+18(x-y)+81$
$=A^2+18A+81$
$=(A+9)^2$
$=(x-y+9)^2$
($x-y=A$로 놓기 → 인수분해 → $A=x-y$를 대입)

16 $(x+3y)^2+6(x+3y)+8$
$=A^2+6A+8$
$=(A+2)(A+4)$
$=(x+3y+2)(x+3y+4)$
($x+3y=A$로 놓기 → 인수분해 → $A=x+3y$를 대입)

17 $(2x-3)^2-6(2x-3)-16$
$=A^2-6A-16$
$=(A-8)(A+2)$
$=(2x-3-8)(2x-3+2)$
$=(2x-11)(2x-1)$
($2x-3=A$로 놓기 → 인수분해 → $A=2x-3$을 대입 → 정리)

18 $3(x-2y)^2-4(x-2y)-4$
$=3A^2-4A-4$
$=(A-2)(3A+2)$
$=(x-2y-2)\{3(x-2y)+2\}$
$=(x-2y-2)(3x-6y+2)$
($x-2y=A$로 놓기 → 인수분해 → $A=x-2y$를 대입 → 정리)

19 $(x+2)^2-4(x+2)+3$
$=A^2-4A+3$
$=(A-3)(A-1)$
$=(x+2-3)(x+2-1)$
$=(x-1)(x+1)$
($x+2=A$로 놓기 → 인수분해 → $A=x+2$를 대입 → 정리)
따라서 $a=1$, $b=-1$이므로 $a+b=1-1=0$

ACT 42

118~119쪽

02 $(x-y)(x-y-4)-12$
$=A(A-4)-12$
$=A^2-4A-12$
$=(A-6)(A+2)$
$=(x-y-6)(x-y+2)$
($x-y=A$로 놓기 → 전개 → 인수분해 → $A=x-y$를 대입)

03 $(7x-2y)(7x-2y-12)+36$
$=A(A-12)+36$
$=A^2-12A+36$
$=(A-6)^2$
$=(7x-2y-6)^2$
($7x-2y=A$로 놓기 → 전개 → 인수분해 → $A=7x-2y$를 대입)

04 $(3a-b)(3a-b-2)-24$
$=A(A-2)-24$
$=A^2-2A-24$
$=(A-6)(A+4)$
$=(3a-b-6)(3a-b+4)$
($3a-b=A$로 놓기 → 전개 → 인수분해 → $A=3a-b$를 대입)

06 $(2x+5)^2-4y^2$
$=A^2-(2y)^2$
$=(A+2y)(A-2y)$
$=(2x+2y+5)(2x-2y+5)$
($2x+5=A$로 놓기 → 인수분해 → $A=2x+5$를 대입하여 정리)

07 $x^2-(y-2)^2$
$=x^2-A^2$
$=(x+A)(x-A)$
$=(x+y-2)\{x-(y-2)\}$
$=(x+y-2)(x-y+2)$
($y-2=A$로 놓기 → 인수분해 → $A=y-2$를 대입 → 정리)

08 $25a^2-(b+2)^2$
$=(5a)^2-A^2$
$=(5a+A)(5a-A)$
$=(5a+b+2)\{5a-(b+2)\}$
$=(5a+b+2)(5a-b-2)$
($b+2=A$로 놓기 → 인수분해 → $A=b+2$를 대입 → 정리)

09 $(x+2)^2-16$
$=A^2-16$
$=(A+4)(A-4)$
$=(x+2+4)(x+2-4)$
$=(x+6)(x-2)$
($x+2=A$로 놓기 → 인수분해 → $A=x+2$를 대입 → 정리)

11 $a-2=A$, $b-5=B$로 놓으면
$(a-2)^2-(b-5)^2$
$=A^2-B^2$
$=(A+B)(A-B)$
$=(a-2+b-5)\{a-2-(b-5)\}$
$=(a+b-7)(a-b+3)$

12 $2x+1=A$, $x-3=B$로 놓으면
$(2x+1)^2-(x-3)^2$
$=A^2-B^2$
$=(A+B)(A-B)$
$=(2x+1+x-3)\{2x+1-(x-3)\}$
$=(3x-2)(x+4)$

13 $3x+2y=A$, $2x-y=B$로 놓으면
$(3x+2y)^2-(2x-y)^2$
$=A^2-B^2$
$=(A+B)(A-B)$
$=(3x+2y+2x-y)\{3x+2y-(2x-y)\}$
$=(5x+y)(x+3y)$

14 $x-4=A$, $y+3=B$로 놓으면

$4(x-4)^2-25(y+3)^2$
$=4A^2-25B^2$
$=(2A+5B)(2A-5B)$
$=\{2(x-4)+5(y+3)\}\{2(x-4)-5(y+3)\}$
$=(2x+5y+7)(2x-5y-23)$

15 $2a-3b=A$, $a+b=B$로 놓으면

$49(2a-3b)^2-16(a+b)^2$
$=49A^2-16B^2$
$=(7A+4B)(7A-4B)$
$=\{7(2a-3b)+4(a+b)\}\{7(2a-3b)-4(a+b)\}$
$=(18a-17b)(10a-25b)$
$=5(18a-17b)(2a-5b)$

17 $x+3=A$, $y-4=B$로 놓으면

$(x+3)^2+5(x+3)(y-4)+6(y-4)^2$
$=A^2+5AB+6B^2$
$=(A+2B)(A+3B)$
$=\{x+3+2(y-4)\}\{x+3+3(y-4)\}$
$=(x+2y-5)(x+3y-9)$

18 $a+3=A$, $b-2=B$로 놓으면

$6(a+3)^2-13(a+3)(b-2)-28(b-2)^2$
$=6A^2-13AB-28B^2$
$=(2A-7B)(3A+4B)$
$=\{2(a+3)-7(b-2)\}\{3(a+3)+4(b-2)\}$
$=(2a-7b+20)(3a+4b+1)$

19 $3x+5y=A$, $x-y=B$로 놓으면

$(3x+5y)^2-14(3x+5y)(x-y)-32(x-y)^2$
$=A^2-14AB-32B^2$
$=(A+2B)(A-16B)$
$=\{3x+5y+2(x-y)\}\{3x+5y-16(x-y)\}$
$=(5x+3y)(-13x+21y)$
$=-(5x+3y)(13x-21y)$

20 $(x-3y)(x-3y+3)-10$
$=A(A+3)-10$ ← $x-3y=A$로 놓기
$=A^2+3A-10$ ← 전개
$=(A-2)(A+5)$ ← 인수분해
$=(x-3y-2)(x-3y+5)$ ← $A=x-3y$를 대입

따라서 두 일차식의 합은
$(x-3y-2)+(x-3y+5)=2x-6y+3$

ACT 43 120~121쪽

02 $xy+x+2y+2=x(y+1)+2(y+1)$
$=(y+1)(x+2)$

03 $x^3-x^2+x-1=x^2(x-1)+x-1$
$=(x-1)(x^2+1)$

04 $ab-5b+5-a=b(a-5)-(a-5)$
$=(a-5)(b-1)$

05 $x^2y-x^2+y-1=x^2(y-1)+y-1$
$=(y-1)(x^2+1)$

06 $ab+a+8b+8=a(b+1)+8(b+1)$
$=(b+1)(a+8)$

07 $xy-7x+7-y=x(y-7)-(y-7)$
$=(y-7)(x-1)$

08 $xy-2x-2y+4=x(y-2)-2(y-2)$
$=(y-2)(x-2)$

09 $a^2+ab+a+b=a(a+b)+a+b$
$=(a+b)(a+1)$

10 $x^3-6x^2-x+6=x^2(x-6)-(x-6)$
$=(x-6)(x^2-1)$
$=(x-6)(x+1)(x-1)$

12 $a^2-10a+25-b^2=(a-5)^2-b^2$
$=(a+b-5)(a-b-5)$

13 $x^2-14x+49-y^2=(x-7)^2-y^2$
$=(x+y-7)(x-y-7)$

14 $a^2-12a+36-b^2=(a-6)^2-b^2$
$=(a+b-6)(a-b-6)$

15 $x^2-2x+1-y^2=(x-1)^2-y^2$
$=(x+y-1)(x-y-1)$

17 $x^2-y^2+16y-64=x^2-(y-8)^2$
$=(x+y-8)(x-y+8)$

18 $x^2-y^2-4y-4=x^2-(y+2)^2$
$=(x+y+2)(x-y-2)$

19 $a^2-b^2+18b-81=a^2-(b-9)^2$
$=(a+b-9)(a-b+9)$

20 $c^2-a^2-2ab-b^2=c^2-(a+b)^2$
$=(c+a+b)(c-a-b)$

ACT 44 122~123쪽

04 $29\times43-29\times13$
$=29(43-13)$
$=29\times30$
$=870$

05 $15\times3.8-15\times2.4$
$=15(3.8-2.4)$
$=15\times1.4$
$=21$

06 $59^2-11^2=(59+11)(59-11)$
$=70\times48$
$=3360$

07 $34^2+2\times34\times6+6^2=(34+6)^2=40^2=1600$

08 $6.2^2-2\times6.2\times0.2+0.2^2=(6.2-0.2)^2=6^2=36$

10 x^2-4x+4
$=(x-2)^2$ ← 인수분해
$=(62-2)^2$ ← $x=62$를 대입
$=60^2=3600$

11 $x^2-2x-24$
$=(x+4)(x-6)$ ← 인수분해
$=(56+4)(56-6)$ ← $x=56$을 대입
$=60\times50=3000$

12 $x^2+3x-10$
$=(x+5)(x-2)$ ← 인수분해
$=(2+\sqrt{5}+5)(2+\sqrt{5}-2)$ ← $x=2+\sqrt{5}$를 대입
$=\sqrt{5}(7+\sqrt{5})$
$=5+7\sqrt{5}$

13 x^2-y^2
$=(x+y)(x-y)$ ← 인수분해
$=(95+15)(95-15)$ ← $x=95$, $y=15$를 대입
$=110\times80=8800$

14 $x^2+2xy+y^2$
$=(x+y)^2$ ← 인수분해
$=(2+\sqrt{3}+2-\sqrt{3})^2$ ← $x=2+\sqrt{3}$, $y=2-\sqrt{3}$을 대입
$=4^2=16$

15 $x=\dfrac{2}{\sqrt{3}-1}=\sqrt{3}+1$
x^2+7x-8
$=(x-1)(x+8)$ ← 인수분해
$=(\sqrt{3}+1-1)(\sqrt{3}+1+8)$ ← $x=\sqrt{3}+1$을 대입
$=\sqrt{3}(\sqrt{3}+9)$
$=3+9\sqrt{3}$

16 $x=\dfrac{1}{\sqrt{5}+2}=\sqrt{5}-2$, $y=\dfrac{1}{\sqrt{5}-2}=\sqrt{5}+2$
x^2-y^2
$=(x+y)(x-y)$ ← 인수분해
$=(\sqrt{5}-2+\sqrt{5}+2)(\sqrt{5}-2-\sqrt{5}-2)$ ← $x=\sqrt{5}-2$, $y=\sqrt{5}+2$를 대입
$=2\sqrt{5}\times(-4)$
$=-8\sqrt{5}$

17 $x=\dfrac{1}{\sqrt{6}+\sqrt{5}}=\sqrt{6}-\sqrt{5}$, $y=\dfrac{1}{\sqrt{6}-\sqrt{5}}=\sqrt{6}+\sqrt{5}$
x^3y-xy^3
$=xy(x^2-y^2)$
$=xy(x+y)(x-y)$ ← 인수분해
$=(\sqrt{6}-\sqrt{5})(\sqrt{6}+\sqrt{5})(\sqrt{6}-\sqrt{5}+\sqrt{6}+\sqrt{5})(\sqrt{6}-\sqrt{5}-\sqrt{6}-\sqrt{5})$ ← $x=\sqrt{6}-\sqrt{5}$, $y=\sqrt{6}+\sqrt{5}$를 대입
$=(6-5)\times2\sqrt{6}\times(-2\sqrt{5})$
$=-4\sqrt{30}$

ACT+ 45 124~125쪽

01 (1) x^2-y^2
$=(x+y)(x-y)$
$=4\times2=8$ ← $x+y=4$, $x-y=2$를 대입

(2) $x^2+2x+1-y^2$
$=(x+1)^2-y^2$
$=(x+y+1)(x-y+1)$
$=(4+1)(2+1)$ ← $x+y=4$, $x-y=2$를 대입
$=5\times3=15$

02 $2x^2-2y^2$
$=2(x^2-y^2)$
$=2(x+y)(x-y)$
$=2\times\sqrt{6}\times\sqrt{3}$ ← $x+y=\sqrt{6}$, $x-y=\sqrt{3}$을 대입
$=2\sqrt{18}=6\sqrt{2}$

03 $x^2-y^2+6x-6y$
$=(x+y)(x-y)+6(x-y)$
$=(x-y)(x+y+6)$
$=\sqrt{3}(-5+6)$ ← $x+y=-5$, $x-y=\sqrt{3}$을 대입
$=\sqrt{3}$

04 $81a^2-16=(9a)^2-4^2=(9a+4)(9a-4)$
따라서 직사각형의 가로의 길이는 $9a+4$이므로
둘레의 길이는 $2\{(9a+4)+(9a-4)\}=36a$

05 사다리꼴의 넓이가 $2a^2+11a+15$이므로
$\frac{1}{2}\times\{(a-2)+(a+8)\}\times(\text{높이})=2a^2+11a+15$
$(a+3)\times(\text{높이})=(2a+5)(a+3)$
따라서 사다리꼴의 높이는 $2a+5$이다.

06 주어진 도형의 넓이는
$(x+7)^2-3^2=(x+7+3)(x+7-3)$
$=(x+10)(x+4)$
따라서 주어진 도형과 넓이가 같은 직사각형의 세로의 길이는 $x+10$이다.

08 $a^2+ab-3a+b-4$
$=ab+b+a^2-3a-4$) b에 대하여 내림차순으로 정리
$=b(a+1)+(a-4)(a+1)$
$=(a+1)(a+b-4)$

09 $x^2+xy+8x+4y+16$
$=xy+4y+x^2+8x+16$) y에 대하여 내림차순으로 정리
$=y(x+4)+(x+4)^2$
$=(x+4)(x+y+4)$
따라서 인수인 것은 ②, ⑤이다.

10 $a^2+4b^2-4ab+ac-2bc$
$=ac-2bc+a^2-4ab+4b^2$) c에 대하여 내림차순으로 정리
$=c(a-2b)+(a-2b)^2$
$=(a-2b)(a-2b+c)$

11 $x^2+2y^2-3xy-3x+6y$
$=x^2-3xy-3x+2y^2+6y$) x에 대하여 내림차순으로 정리
$=x^2-3x(y+1)+2y(y+3)$
$=(x-2y)(x-y-3)$
따라서 $a=-2$, $b=-1$, $c=-3$이므로
$a+b+c=-2-1-3=-6$

TEST 04 126~127쪽

04 $36x^2+60xy+25y^2$
$=(6x)^2+2\times6x\times5y+(5y)^2$
$=(6x+5y)^2$

05 $\left(\frac{22}{2}\right)^2=121$

06 $36x^2-\square x+1=(6x)^2-\square x+1^2$에서
$\square=2\times6=12$

07 $x^2-36=x^2-6^2=(x+6)(x-6)$

08 $\frac{1}{3}x^2-\frac{1}{12}y^2=\frac{1}{3}\left(x^2-\frac{1}{4}y^2\right)$
$=\frac{1}{3}\left(x+\frac{1}{2}y\right)\left(x-\frac{1}{2}y\right)$

09 합이 3이고, 곱이 -10인 두 정수는 -2, 5이므로
$x^2+3xy-10y^2=(x-2y)(x+5y)$

10 $3x^2+5xy+2y^2=(x+y)(3x+2y)$

x	y	→	$3xy$
$3x$	$2y$	→	$2xy$ (+
			$5xy$

11 $-2x-2y=-2(x+y)$, $xy+y^2=y(x+y)$
따라서 두 다항식의 공통인수는 $x+y$이다.

12 $x^3+16x^2+64x=x(x^2+16x+64)=x(x+8)^2$

13 $(x-1)^2-6(x-1)+9$) $x-1=A$로 놓기
$=A^2-6A+9$) 인수분해
$=(A-3)^2$) $A=x-1$을 대입
$=(x-1-3)^2$) 정리
$=(x-4)^2$

14 $xy+3x+y+3$
$=x(y+3)+(y+3)$
$=(y+3)(x+1)$

15 $a^3b-a^2b-12ab=ab(a^2-a-12)$
$=ab(a-4)(a+3)$

16 $(x+y)(x+y-1)-6$) $x+y=A$로 놓기
$=A(A-1)-6$) 전개
$=A^2-A-6$) 인수분해
$=(A-3)(A+2)$) $A=x+y$를 대입
$=(x+y-3)(x+y+2)$

17 $a^3-5a^2+a-5=a^2(a-5)+(a-5)$
$=(a-5)(a^2+1)$

18 $x+2=A$, $y-3=B$로 놓으면
$(x+2)^2-(y-3)^2$
$=A^2-B^2$
$=(A+B)(A-B)$
$=(x+2+y-3)\{x+2-(y-3)\}$
$=(x+y-1)(x-y+5)$

19 $x^2+4x+4-y^2=(x+2)^2-y^2$
$=(x+y+2)(x-y+2)$

20 $x^2+14x+49$) 인수분해
$=(x+7)^2$) $x=\sqrt{2}-7$을 대입
$=(\sqrt{2}-7+7)^2$
$=(\sqrt{2})^2=2$